高等职业教育课程改革示范教材

计算机信息技术教程

JISUANJI XINXI JISHU JIAOCHENG

主　　编　包金锋　范爱华
副 主 编　王　超
参编人员　纪　勇　张　亮
　　　　　奚修学　郭　静

南京大学出版社

图书在版编目(CIP)数据

计算机信息技术教程 / 包金锋,范爱华主编. — 南京:南京大学出版社,2016.8

高等职业教育课程改革示范教材

ISBN 978-7-305-16983-0

Ⅰ. ①计… Ⅱ. ①包… ②范… Ⅲ. ①电子计算机—高等职业教育—教材 Ⅳ. ①TP3

中国版本图书馆 CIP 数据核字(2016)第 116021 号

出版发行　南京大学出版社
社　　址　南京市汉口路 22 号　　　　邮　编　210093
出 版 人　金鑫荣

丛 书 名　高等职业教育课程改革示范教材
书　　名　计算机信息技术教程
主　　编　包金锋　范爱华
责任编辑　吴　华　　　　　　　编辑热线　025-83596997

照　　排　南京南琳图文制作有限公司
印　　刷　盐城市华光印刷厂
开　　本　787×1092　1/16　印张 16　字数 389 千
版　　次　2016 年 8 月第 1 版　2016 年 8 月第 1 次印刷
印　　数　1～4000
ISBN 978-7-305-16983-0
定　　价　39.00 元

网　　址:http://www.njupco.com
官方微博:http://weibo.com/njupco
微信服务号:njuyuexue
销售咨询热线:(025)83594756

前　言

随着计算机技术不断发展和计算机教育普及面越来越广,高职院校计算机基础教育踏上了新的台阶,逐步进入一个新的发展阶段。目前,各专业对学生的计算机应用能力提出的要求越来越高,而现有的计算机基础教材已经无法适应这种新要求。为此,按照最新的高等职业教育培养计划及要求,我们编写了这本计算机技能辅导用书。

计算机基础是高职院校非计算机专业学生的公共必修课程,也是后续学习其他计算机相关技术课程的前导和基础课程。我们希望读者通过本书能够比较全面、系统地了解计算机基础知识,具备计算机实际应用能力,并能在各自的专业领域运用计算机开展学习与研究。本书照顾了不同专业、不同层次学生的需要,在计算机选购、操作系统安装、多媒体技术以及计算机网络技术等方面进行深入浅出的分步讲解,让读者能够全面了解和掌握这些知识。

全书共分为五个部分:

第一部分主要介绍了计算机安装与使用的知识。其中,第一至三章内容为笔记本电脑简介与选购、Windows 7 操作系统的安装以及系统的维护;第四章内容为指法训练与中文输入。

第二部分主要介绍了多媒体技术应用,共三章,内容为图像处理软件 Photoshop 和平面动画制作软件 Flash 以及视频制作与处理软件 VideoStudio 和 Premiere。

第三部分主要介绍网络应用。其中,第一至二章分别介绍了上网常用软件以及宽带上网方法、家用路由器配置;第三章介绍了计算机及网络安全。

第四部分主要介绍了办公软件 Office 的高级应用。其中,第一章内容为数据库软件 Access 2010 的使用方法;第二章内容为邮件处理软件 Outlook 2010

的使用方法；第三章内容为绘图软件 Visio 2010 的使用方法。

第五部分主要介绍了全国计算机等级考试（一级）要点。其中，第一章内容为计算机基础知识；第二章内容为计算机网络技术知识。

参加本书编写的人员都是多年从事一线教学的教师，具有较为丰富的教学经验。在编写时注重原理与实践紧密结合，注重实用性与可操作性；案例的选取注意从读者日常学习和工作的需要出发；文字叙述深入浅出，通俗易懂。

本书由包金锋、范爱华担任主编，王超担任副主编，参加编写的人员有纪勇、张亮、奚修学、郭静。

本教材的知识面较广，要将众多的知识点很好地贯穿起来难度较大，不足之处在所难免。为了便于以后教材的修订，恳请专家、教师以及读者多提宝贵意见。

编　者

2016 年 6 月

目　　录

第一部分　计算机安装与使用

第二部分　多媒体应用

第三部分　网络应用

第四部分　办公软件高级应用

第五部分 全国计算机等级考试要点

第一部分　计算机安装与使用

第一章　笔记本电脑简介与选购

扫一扫可见本章
参考资料

第 1 节　笔记本电脑简介

笔记本电脑(可简称为 NoteBook)又称手提或膝上电脑,是一种小型、方便携带的个人电脑。电脑技术的发展,笔记本产品性能的不断提高,为人们的工作和生活提供了更多的便利。下面将介绍笔记本电脑的一些基础知识。

1.1.1　笔记本电脑分类

随着电脑技术的不断发展,笔记本电脑当前的发展趋势是体积越来越小,重量越来越轻,而功能却越发强大。一般说来,便携性是笔记本电脑相对于台式机最大的优势。一般的笔记本电脑重量只有 2 kg 左右,无论是外出工作还是旅游,都可以随身携带,非常方便。

从用途上分类,笔记本电脑一般可以分为轻薄便携型、商务型、影音娱乐家庭型、特殊用途型等几种类型。其具体特点如下。

一、轻薄便携型

通常来说,2 kg 以下的笔记本电脑被称为便携(轻薄)型笔记本电脑,该类产品将便携性放在最重要的位置,性能和功能甚至接口都可以做出牺牲,因此,超低电压版的处理器、低功耗的芯片组、低规格的内存、低功耗的 1.8 英寸硬盘或者固态硬盘、无风扇设计、极限轻薄都伴随而来,在测试中,此类产品性能一般,但往往电池寿命都比较出色,这要归功于低功耗元件的大量采用。便携型笔记本电脑分为内置光驱和全外挂两种,在重量方面全外挂型要更胜一筹,并且由于没有内置光驱,所以在接口方面全外挂型的便携笔记本也会表现得更加优秀,唯一不够"完美"的就是会增加额外支出(用来买外置光驱);而内置光驱型的便携笔记本则省去了额外的开销,但是在接口方面的表现则不如全外挂型完美,当然,不同的用户会有不同的要求。目前计算机领域又出现了一种最新的轻薄型笔记本,叫作超极本,将在下文详细介绍。

二、商务应用型

商务笔记本在应用领域上要求绝对稳定、安全,因此,很多最新的技术都是在此类产品上率先采用,例如,最先进的指纹识别技术、最强大的硬盘数据保护技术、最优秀的静音散热系统,基本都最先出现在商务笔记本上。商务笔记本由于面对特定的人群和用途,外观设计

上比较单调,不会刻意追求时尚和花哨,给人的感觉是稳重、大方。总的来讲,商用笔记本更注重机器的稳定可靠,便携性方面也有一定的要求,具有丰富的接口以及多种安全功能的设计。

三、影音娱乐家庭型

这种机型用于替代传统娱乐家用台式机,具有大尺寸的屏幕设计,倾向于娱乐设计,通常采用 16∶9 屏幕设计,屏幕亮度高且可视角度大,在音响设计方面这类产品最少都集成有 2.1 声道音响系统,并将低音单元集成在笔记本电脑的底部,实现低音炮的效果,另外为了营造"余音绕梁,三日不绝"的意境,有的机型还可以模拟 4.1 声道的环绕音效,甚至直接拥有 4.1 声道扬声器。

随着新技术的不断应用,笔记本的性能得到质的提升,独立显卡的采用不断刷新笔记本在测试中 3D 性能的评分,这种类型的笔记本能运行市面上绝大部分的 3D 游戏。显示效果优秀的屏幕,16∶9 的分辨率加上性能强悍的独立显卡,为游戏玩家量身打造,同时兼顾了娱乐影音的需要,整体性能超强,注重视觉效果与影音效果的影音娱乐型笔记本逐渐占领市场越来越大的空间。

四、特殊用途型

特殊用途的笔记本电脑可服务于专业人士,是可以在酷暑、严寒、低气压等恶劣环境下使用的机型,多较笨重。

1.1.2　笔记本电脑的发展趋势

从东芝公司发布首款笔记本电脑开始,笔记本电脑已经有超过 30 年的发展历史。目前笔记本电脑的发展趋势表现为产品多样化、配置高端化、价格平民化、多媒体功能 3D 化、电池超长化。

- ➤ 产品多样化:笔记本电脑产品被逐渐细分,产品的体积和屏幕的尺寸呈多极化发展。目前,除了主流的 14 英寸产品以外,更大屏幕的台式电脑替代型笔记本电脑和突出便携性能的小屏幕笔记本电脑的市场占有率也呈明显上升趋势。
- ➤ 配置高端化:笔记本电脑的做工越来越精细,尺寸也逐渐变得小巧,其性能也在不断增强。外观看似轻薄的笔记本电脑,其配置已经相当于台式电脑。
- ➤ 价格平民化:近几年来笔记本电脑的价格逐渐降低,前些年在消费者眼中还是奢侈品的笔记本电脑,现在已经不需要太多的金钱投入就可以获得。在相似配置的台式电脑和笔记本电脑之间,更多的人自然会选择轻便的笔记本电脑。
- ➤ 多媒体功能 3D 化:笔记本电脑所使用的显示芯片、音效芯片的性能不断提升。3D 图形加速功能不再只是台式电脑才拥有的功能,多数笔记本电脑都已拥有不逊色于台式机的 3D 图形加速功能。
- ➤ 电池超长化:目前的主流笔记本电脑产品多采用标准的锂电池技术,大多可支持 2～3 个小时的工作时间。而随着散热、功耗技术的解决,笔记本电脑的工作时间也将越来越长。

1.1.3　超极本

超极本又名 Ultrabook,是英特尔继 UMPC、MID、上网本 Netbook 之后,定义的又一全新品类的笔记本产品,Ultra 的意思是极端的,Ultrabook 指极致轻薄的笔记本产品,即我们常说的超轻薄笔记本,中文翻译为超极本。图 1-1 就是某超极本的实物照片。

2013 年 10 月 Intel 全新诠释了新一代超极本"2 合 1",即 PC 平板二合一,该类产品以微软 Surface、Wbin Magic 等产品为代表,预示着新一代超极本拉开序幕,该类产品组合智能吸附键盘使用为超极本,分开使用为平板电脑,屏幕为触摸操作,且屏幕可以 360°旋转,搭载最新 Windows 8.1 操作系统。这种二合一的超极本集成了平板电脑的应用特性与 PC 的性能,也就是将苹果在 ipad 中的创新体验引入到 PC 中,但是,超极本就是电脑,不是上网本,也不是平板,所以它终于可以实现众多商务人士 PC＋平板二合一的需求。

图 1-1　超极本

超极本目前是基于 32nm 的 Sandy Bridge 处理器和 22nm 的 Ivy Bridge 的处理器生产的。简单地说,超极本与之前的笔记本电脑相比有几大创新:

> 启用低功耗 CPU,电池续航将达 12 小时;
> 休眠后快速启动,启动时间小于 10 秒,客户大会上有厂商展示的样机启动时间仅为 4 秒;
> 具有手机的 AOAC 功能(Always online always connected),这一功能 PC 无法达到,PC 休眠时是与 Wifi/4G 断开的,而手机休眠时则会一直在线进行下载工作,超极本将会引入 AOAC 功能;
> 触摸屏和全新界面;
> 超薄,加上各种 ID 设计,根据屏幕尺寸不同,厚度至少低于 20 毫米;
> 安全性:支持防盗和身份识别技术;
> 部分品牌的超极本还可以变形成平板电脑,实现两用。

超极本作为笔记本的一种延伸和创新,在外设方面必然会有一定的不同。要想让超极本发挥出超高性价比,必备的周边产品必不可少。在超极本推出之后,各大配件厂商针对超极本的不同特点和不足,纷纷推出了有各自特色的外设产品,像 USB 网卡、蓝牙无线鼠标、超极本音箱等等。例如,超极本在追求极致的轻、极致的薄的同时,在接口上就有点应接不暇,能内置的当然就内置了,忽略了对一些常用端口的设计,例如,LAN 口,而这样的情况在国内是很不符合国情的,所以像 USB 网卡就是很有必要的。而蓝牙功能在超极本中比较常见,这时候蓝牙鼠标就显得比普通无线鼠标更加方便,并且不占用端口。

另外超极本因为追求极致的厚度设计,所以超极本的音响单元通常是非常简陋的,而超极本的消费人群通常对声音的要求普遍比较高,所以对超极本音箱的需求自然而然就提高了不少。超极本音箱与普通小型音箱不同,首先,音效应该跟超极本的档次相搭配的;其次,外形方面也要与超极本搭配,以简约时尚为上;再次,应该有好的音质表现,毕竟音箱主要是用来听的,没有好的音质,一切都免谈。而市场上专门针对超极本研发的产品非常少,大部分厂商都是在研发之中,像惠威 S3W、BOSE 的 Computer Music Monitor 虽说是普通的小型音箱,但勉强可以算作超极本音箱的范畴,而麦博通过采用系统化的设计理念,完美地解决了以上三点,率先发布了首款超极本音箱 FC10。相信在超极本成为市场主流之后,超极

本音箱必然会得到一个大的发展。

第2节　笔记本电脑硬件结构

笔记本电脑外观小巧,主要是由大量的硬件设备构成。笔记本电脑外部硬件主要有外壳、键盘、液晶屏、光驱和各种接口等;笔记本电脑内部硬件主要有 CPU、主板、硬盘、内存、显卡和电池等。此外还有一些专用的笔记本电脑配件。

1.2.1　外部硬件结构

笔记本电脑的外部硬件指的是通过肉眼可以看到的电脑外观,主要包括电脑的外壳、键盘、液晶屏、光驱和各种接口。

一、外壳

笔记本电脑外壳的材质虽然不起眼,却起着相当重要的作用。在使用笔记本电脑的过程中,有时可能会受到一些外力的冲击,如果笔记本电脑的外部材质不够坚硬,就有可能造成屏幕弯曲的现象,缩短屏幕的使用寿命。此外,笔记本电脑的外壳既是保护机体的最直接的方式,也是影响其散热效果、重量、美观度的重要因素。目前,笔记本电脑的外壳主要分为非金属材质和合金材质。其中,非金属材质又可以细分为 ABS 工程塑料、聚碳酸酯材料和碳纤维。

二、键盘

笔记本电脑的键盘是设计在机身上的,因此,无法像台式机那样可以很方便地任意更换。按键的弹性与手感是考核键盘是否优良的关键,有些笔记本电脑的键盘弹性较高,有些则偏软,用户在选择笔记本电脑时,最好亲身体验按键的弹性,包括键盘各个键位是否舒适。此外,一般笔记本电脑还带有触摸板,可以当作鼠标来使用。

三、液晶显示屏

显示屏是笔记本的关键硬件之一,占成本的四分之一左右。显示屏根据背光源主要分为 CCFL-LCD 与 LED-LCD。

LCD 是液晶显示屏的全称,以面板区分主要有 TFT、UFB、TFD、STN 等几种类型的液晶显示屏。笔记本液晶屏常用的是 TFT 屏幕,TFT 屏幕是薄膜晶体管,是有源矩阵类型液晶显示器,在其背部设置特殊光管,可以主动对屏幕上的各个独立的像素进行控制,这也是所谓的主动矩阵 TFT 的来历,这样可以大大缩短响应时间,提高了播放动态画面的能力。和 STN 相比,TFT 有出色的色彩饱和度、还原能力和更高的对比度,太阳下依然看得非常清楚,缺点是比较耗电,而且成本也较高。

四、光驱

笔记本电脑的光驱与台式电脑上所使用的光驱相比略有不同,笔记本电脑的光驱更薄、更稳定,但读盘能力要略逊于台式机。

笔记本电脑的光驱一般分为内置光驱和外置光驱两种,内置光驱根据光盘的放入方式可以分为吸入式和托盘式两种类型。外置光驱通常为 USB 接口,内置光驱目前都是 SATA 接口。

五、各种外部接口

由于笔记本电脑的内部空间有限,其大部分接口都集成在主板上,用户可以在笔记本电脑的两侧找到所需的各种接口。常用的笔记本电脑接口有 USB 接口、VGA 接口、HDMI 接口、RJ45 网络接口。图 1-2 中所示接口从左到右依次是 USB2.0 接口、USB3.0 接口、RJ45 网络接口、HDMI 接口、VGA 视频接口。

图 1-2　笔记本电脑常见的外部接口

1. USB 接口

USB 是一个外部总线标准,用于规范电脑与外部设备的连接和通信。USB 接口具备即插即用和热插拔功能。USB 接口可连接 127 种外设,如鼠标和键盘等。USB 在 1994 年底由英特尔等多家公司联合推出后,已成功替代串口和并口,成为当今电脑与大量智能设备的必配接口。USB 版本经历了多年的发展,到如今已经发展为 3.0 版本。USB 设备主要具有以下优点:

➢ 可以热插拔。就是用户在使用外接设备时,不需要关机再开机等动作,而是在电脑工作时,直接将 USB 插上使用。

➢ 携带方便。USB 设备大多以"小、轻、薄"见长,对用户来说,随身携带大量数据时,很方便。

➢ 标准统一。以前大家常见的是 IDE 接口的硬盘、串口的鼠标键盘、并口的打印机扫描仪,可是有了 USB 之后,这些应用外设统统可以用同样的标准与个人电脑连接,这时就有了 USB 硬盘、USB 鼠标、USB 打印机等等。

➢ 可以连接多个设备。USB 在个人电脑上往往具有多个接口,可以同时连接几个设备,如果接上一个有四个端口的 USB HUB 时,就可以再连上四个 USB 设备,以此类推,可将你家的设备同时都连在一台个人电脑上也不会有任何问题(注:最高可连接至 127 个设备)。

2. VGA 接口

说到 VGA 接口,相信读者朋友都不会陌生,因为这种接口是电脑显示器上最主要的接口,从块头巨大的 CRT 显示器时代开始,VGA 接口就被使用,并且一直沿用至今,另外 VGA 接口还被称为 D-Sub 接口。笔记本电脑可以通过 VGA 接口连接显示器,可以以复制方式或者扩展方式实现对外输出显示画面。

3. HDMI 接口

HDMI 接口全名是高清晰度多媒体接口(High Definition Multimedia Interface),是一种数字化视频/音频接口技术,是适合影像传输的专用型数字化接口,可同时传送音频和影音信号,最高数据传输速度为 5Gbps,同时无须在信号传送前进行数/模或者模/数转换。HDMI 可搭配宽带数字内容保护(HDCP),以防止具有著作权的影音内容遭到未经授权的复制。笔记本电脑通过 HDMI 接口可以很方便地将显示画面输出到液晶显示器或者液晶电视机上。

4．RJ45 网络接口

RJ45 接口是常用的以太网接口，支持 10M 和 100M 自适应的网络连接速度，常见的 RJ45 接口有两类：用于以太网网卡、路由器以太网接口等的 DTE 类型，还有用于交换机等的 DCE 类型。笔记本电脑通过 RJ45 网络接口与交换机或者路由器连接，进而接入局域网或者因特网。

1.2.2　笔记本内部结构

笔记本电脑的内部硬件主要包括 CPU、主板、硬盘、内存、光驱和电池等。下面将重点介绍在实际使用中与大家关系比较紧密的 CPU、硬盘、内存三大部件。

一、处理器

也就是通常所说的 CPU，是电脑的心脏。由于笔记本电脑体积小巧，为了追求高性能、低耗电量以及低发热量，采用了移动处理器（Mobile CPU）。移动处理器的内部集成了专用的电源管理技术，制造工艺比台式机处理器要先进一些。

一般我们在笔记本产品的宣传单上会看到处理器的规格，包括处理器主频、系统总线及二级缓存。处理器的主频率简单地说是 CPU 运算时的工作频率，决定计算机的运行速度。不过需要注意的是，对于不同厂家、不同系列的 CPU，不能简单地根据主频大小判断处理器的速度。外频就是 CPU 与主板之间同步运行的速度，而且目前的绝大部分电脑系统中，外频也是内存与主板之间的同步运行的速度，由于处理器发展极快，内存、硬盘等配件逐渐跟不上处理器的速度，因此，提出了倍频的概念。同样，二级缓存也影响处理器的读取速度，一般原则上是越大越好。二级缓存可以将经常需要读取的数据保存起来，使处理器在再次读取数据时避开对内存的读取，大大提高处理器的读取速度和性能。

目前主要的移动处理器品牌包括 Intel、AMD 这两家，其中 Intel 公司占据大约 85% 的市场份额，CPU 的设计技术与制造工艺全面领先于 AMD 公司，在计算机的 CPU 领域占据主导地位。

笔记本电脑领域的 Intel 处理器主要包括酷睿 i3、酷睿 i5、酷睿 i7 这几个系列。结合目前的市场现状，笔记本级酷睿 i3 处理器（如图 1-3）都是双核，都不支持睿频加速，都支持超线程。与此同时，所有笔记本级酷睿 i5 和酷睿 i7 处理器都支持睿频加速。对于酷睿 i5 和 i7 处理器来说，有些型号是双核的处理器，有些型号是四核心的处理器。所有酷睿 i7 处理器均支持超线程，只有双核酷睿 i5 处理器支持超线程。所有酷睿 i3 处理器都带 3 MB 缓存，一些双核酷睿 i5 处理器带 3 MB 缓存而另一些带 4 MB 缓存，酷睿 i7 处理器带 6 MB 缓存或 8 MB 缓存。

在实践中，要理清笔记本级酷睿 i 家族处理器真不是件简单的事。要想做出最正确的选择，消费者势必要经历重重筛选才行。

1．双核酷睿处理器

笔记本级酷睿 i5 和酷睿 i7 处理器中有双核款，也有四核款，最简单的区分方法是有"U"后缀的低压处理器都是双核心，如 i5-6300U 和 i7-6500U。

对于双核版本的酷睿 i5 和酷睿 i7，它们核心数量相同，都支持睿频加速和超线程。区别在于酷睿 i7 处理器可以睿频加速至更高时钟频率,此外酷睿 i7 处理器大部分带 6MB 或 8MB 缓存,而酷睿 i5 - 6200U、i5 - 6300U 只带 3MB 缓存。消费者可以根据自己的电脑用途和资金预算选择合适的型号。

2. 四核酷睿处理器

如果用户需要的是强大的四核处理器,选"HQ"后缀的就行。酷睿 i5 - 6300HQ、i5 - 6350HQ、i5 - 6440HQ 都有四个核心,带 6MB 缓存且支持睿频加速。i5 - 6440HQ 的时钟速度最快,主频 2.6 GHz,支持睿频加速至 3.5 GHz。6300HQ 和 6350HQ 的时钟频率相同,但 6350 集成的是 Iris 显卡芯片。

如果用户需要的是更强大的四核处理器,酷睿 i7 - HQ 定能满足要求。它们都有四个核心,支持超线程和睿频加速。当然用户也可以选择 i7 - 6820HK,它集成无锁内存倍增器,还支持超频。

另外如果用户想用笔记本玩游戏,那应该买带独立显卡的。如果不想要独立显卡,就该考虑选择哪种集成显卡。上述 CPU 中,不同型号的 CPU 集成的显卡型号也不一样。最强大的英特尔显卡芯片组是 Iris,具体包括 Iris 540、550 或 580,当然最常见的是 Intel HD Graphics 520 和 530。一般来说,处理器的规格越高,所集成的显卡的性能越强,目前来说集成显卡可以满足中小规模游戏软件的运行要求。

图 1 - 3 是某型号的 Intel 笔记本处理器的实物图片。

图 1 - 3　Intel 酷睿 i3 笔记本处理器

二、主板

主板又称主机板、系统板或母板,如图 1 - 4 所示。由于笔记本电脑的体积有限,所以主板上集成了各种电子元件和动力系统,包括 BIOS 芯片、I/O 控制芯片和插槽等。主板品质的好坏决定着笔记本电脑性能的高低。

图 1 - 4　笔记本电脑主板

三、笔记本内存

笔记本电脑的内存比台式机的内存要小得多,实物照片参看图 1 - 5。笔记本电脑的内存需要采用优良的组件和先进的工艺,必须符合小巧、容量大、速度快、耗电低、散热好等特性。笔记本电脑的内存一般采用 SO-DIMM 接口,根据内存颗粒的工作方式可以分为 SDRAM、DDR SDRAM、DDR2 SDRAM、DDR3 SDRAM、DDR4 SDRAM。不同类型接口的内存在工作频率、传输率、工作方式、工作电压等方面会有所差异，使用范围也不同。

从功能上理解，我们可以将内存看作是内存控制器与 CPU 之间的桥梁，内存也就相当于"仓库"。显然，内存的容量决定"仓库"的大小，而内存的速度决定"桥梁"的宽窄，两者缺一不可，这也就是我们常常说的"内存容量"与"内存速度"。

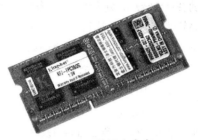

图 1-5　笔记本内存

内存的种类和运行频率会对性能有一定影响，不过相比之下，容量的影响更加大。在其他配置相同的条件下，内存越大机器性能也就越高，因此，内存容量已经越来越受到消费者的关注。尤其对于最新的 Windows 7、Windows 8、Windows 10 操作系统，对内存容量的需求较大。目前购买的电脑一般安装有至少 4GB 容量的内存条，为了进一步提升整机性能，读者可以考虑购置额外的内存条用来扩展内存容量，在资金允许的情况下，可以考虑将整机内存的容量提升至 8GB 或者 16GB。

如果你的电脑只有一个内存插槽，那么建议尽量选择单根容量较大的内存条进行升级，且不要超过该机内存的最大支持容量。如果你的电脑拥有两个内存插槽，优先建议用户组建双通道，这样可以得到两倍内存带宽，能进一步提升系统整体稳定性，同时也能提升集成显卡的性能。此外，组建双通道最好购买相同品牌、频率的内存条以确保最佳兼容性，如果预算有限，也可以选择 4GB+2GB 或者 8GB+4GB 这样的不对等升级方式，兼容性上并不存在问题。

目前一些轻薄本为了降低机身厚度、节约机身空间，部分机型只提供 1 个内存插槽，甚至完全采用板载内存的方式，所以购买这类笔记本最好直接选择大容量内存机型来免除后顾之忧。当然也有部分采用板载内存设计的笔记本，它们会预留一个内存插槽来提供后续升级空间。如果你的笔记本正好是这种，那么建议将预留内存槽加上内存来和板载内存组成双通道，从而获得内存容量及性能的双提升。

四、硬盘

笔记本电脑的硬盘在容量和性能上落后于台式机硬盘，但笔记本硬盘的防震性较好、功耗和发热量都较小。笔记本电脑硬盘的主要性能参数包括尺寸规格、厚度、转速、缓存和接口类型等。

根据工作原理，可以将笔记本硬盘分为机械硬盘和固态硬盘两大类。

（1）机械硬盘即传统普通硬盘，主要由盘片、磁头、盘片转轴及控制电机、磁头控制器、数据转换器、接口、缓存等几个部分组成。

磁头可沿盘片的半径方向运动，加上盘片每分钟几千转的高速旋转，磁头就可以定位在盘片的指定位置上进行数据的读写操作。信息通过离磁性表面很近的磁头，由电磁流来改变极性方式，被电磁流写到磁盘上，信息可以通过相反的方式读取。硬盘作为精密设备，尘埃是其大敌，所以进入硬盘的空气必须过滤。

图 1-6 是某一品牌笔记本硬盘的实物照片。

（2）固态硬盘(Solid State Disk)，即固态电子存储

图 1-6　笔记本机械硬盘

阵列硬盘,简称 SSD 硬盘,由控制单元和固态存储单元(Flash 芯片)组成。固态硬盘的接口规范和定义、功能及使用方法上与普通笔记本硬盘完全相同,在产品尺寸上也完全与普通笔记本硬盘一致。

目前基于闪存的固态硬盘是固态硬盘的主要类别,其内部构造十分简单,固态硬盘内主体其实就是一块 PCB 板,而这块 PCB 板上最基本的部件就是控制芯片、缓存芯片和用于存储数据的闪存芯片。图 1-7 是某型号固态硬盘的实物图。

图 1-7　笔记本固态硬盘

下面对两种类型的笔记本硬盘进行一下对比。

➢ 防震抗摔性:机械硬盘都是磁碟型的,数据储存在内部的盘片上,另外在硬盘内部还包含磁头、磁头臂、轴承、电机等大量机械部件。而固态硬盘是使用闪存颗粒芯片作为存储介质,所以 SSD 固态硬盘内部不存在任何机械部件,这样即使在高速移动甚至伴随翻转倾斜的情况下也不会影响到正常使用,而且在发生碰撞和震荡时能够将数据丢失的可能性降到最小。相较于机械硬盘,固态硬盘占有绝对优势。

➢ 数据存储速度:从实际使用中的测试数据来看,固态硬盘相对于机械硬盘而言,性能提升 5~10 倍之多。实际上,将笔记本电脑中的机械硬盘更换为固态硬盘是一种十分有效的性能提升方法。

➢ 功耗:固态硬盘的功耗上也要远远低于机械硬盘。

➢ 重量:固态硬盘内不存在重量较重的机械部件,因此,在重量方面较机械硬盘也占有明显的优势。

➢ 噪音:由于固态硬件内部无机械部件,所以具有发热量小、散热快等特点,而且没有机械马达和风扇,工作噪音值为 0 分贝。机械硬盘就要逊色很多。

➢ 价格:目前在单位容量价格方面,固态硬盘要比机械硬盘高很多,普通品牌的240 GB 固态硬盘的价格为 400~500 元,而 1TB 的机械硬盘价格才 350 元左右。固态硬盘比起机械硬盘价格较为昂贵,但随着半导体制造工艺的不断提升,固态硬盘的价格在今后将会逐步下降,本书成稿时的硬盘市场参考价格可扫本章开始处二维码浏览。

➢ 容量:固态硬盘由于受制于产品成本,最大容量还不如机械硬盘。

➢ 使用寿命:SLC 类型的固态硬盘有 10 万次的读写寿命,成本低廉的 MLC 固态硬盘,读写寿命约有 1 万次。因此,相对于固态硬盘,机械硬盘寿命更长。

五、电池

电池是实现笔记本电脑移动办公的主要能源之一,是体现便携性的重要环节,同时也是灵活性和稳定性的根本。笔记本电脑的电池主要分为镍氢电池、锂离子电池和燃料电池 3 种类型。其中锂离子电池具有容量大、能量充足、循环寿命长、无记忆效应等优点,是目前笔记本电脑普遍使用的电池种类。

1.2.3　其他常用配件

笔记本电脑有大量的配套设备,又称配件。常见的笔记本电脑配件有电源适配器、无线网卡、视频采集卡和蓝牙适配器等。

一、电源适配器

笔记本电脑的电源适配器是一组小型的便携式电子设备及供电电源变换设备,它一般由外壳、电源变压器和整流电路组成。从外观上看,电源适配器通过一条电源线与笔记本电脑连接,其上方有一个标签,标识其功率、输入电压、输出电压和电流等指标。

二、无线网卡

使用无线网卡,可以不受地理位置、线缆等因素的限制上网。目前市场上的无线网卡有多种品牌,各品牌的规格、接口类型、传输速率等都有所不同。无线网卡的接口类型主要包括 MiniPCI 接口和 USB 接口两种类型,其中,MiniPCI 接口是安装在笔记本电脑内部的;USB 无线网卡可以连接在外面的 USB 接口上。如图 1-8 所示,(a)图是 MiniPCI 接口的无线网卡,(b)图是 USB 接口的无线网卡。

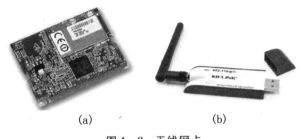

(a)　　　　　　　　　(b)

图 1-8　无线网卡

三、读卡器

随着 DC、DV、数码相机、手机等电子产品的普及,闪存卡得到了广泛应用,如 CF 卡、XD 卡、SD 卡。若要读取闪存卡中的数据,除了连接产品设备外,最常用的就是通过读卡器来读取数据。

目前,市场上多数笔记本电脑都带有读卡器,如果没有配备读卡器,就需要自行购买读卡器。笔记本电脑中常用的读卡器主要是 USB 读卡器。

第 3 节　笔记本电脑选购技巧

对于普通用户而言,购买笔记本电脑是一个需要仔细考虑的问题。当有了购买笔记本电脑的意向之后,应该充分考虑需求、分析市场、挑选品牌。购买时需要注意性价比和质量保证,并对笔记本电脑的硬件进行检验。

1.3.1　选购前的准备工作

在购买笔记本电脑之前,用户应首先明确自己购买后的主要需求、选择合适的机型、合理预算花费。

一、选择合适的机型

首先购买笔记本要确定自己的需求,要清楚自己买笔记本有什么用途,比如说是用于取代家里的台式机,只是放在家里用,移动需求不大的用户,可以选择一些 15 寸以上的家庭娱乐机型;如果需要经常出差外出使用的,则应该选择相对轻便的 12、13 寸笔记本;如果是学生,平时住宿舍使用只是周末需要带回家用,可以选择性价比较高的 14 寸机型。先确定自己需要什么尺寸的笔记本,然后再根据自己对性能的要求来选择笔记本的配置,如果是经常出差注重电池续航能力的,应该选择集成显卡等功耗低的机型;如果是家庭娱乐用的,则需要大屏幕、音响效果好的机型;如果一般只是上网、炒炒股等一些简单应用,则只需要一款最普通基本配置的笔记本就已经足够了;如果是一些专业的图形设计者、骨灰级玩家,则应该需要一台性能强大的机器,如戴尔 XPS1730 这一类型的顶级配置的笔记本。

二、掌握笔记本电脑里的几个主要硬件的常识及作用

一般人对于笔记本硬件的知识知之甚少,笔记本电脑少则三四千元,贵则上万甚至几万元,所以除非你很有钱,否则购买笔记本电脑前还是要先掌握一点相关的常识好,至少要知道里面几个主要硬件的大概作用,这样才能买到合自己心意的产品。其实笔记本电脑的主要硬件并不多,就是 CPU、内存、硬盘、光驱、主板芯片组,至于显卡、声卡之类的则是次要硬件。硬件资料在网上非常容易查到。

三、了解市场行情

用户在明确了购买笔记本电脑的用途和需求之后,应主动了解笔记本电脑市场的行情,比如在相关的卖场根据导购人员的推荐总结一些信息,在专业的网站上做些全面了解,并注意收集笔记本电脑市场上的新技术信息和广受好评的笔记本电脑型号。

消费者进入笔记本电脑卖场后,一般情况下卖场导购人员会主动推荐笔记本电脑产品,此时用户可以通过导购人员的介绍了解一部分笔记本电脑市场行情。

用户也可以通过访问笔记本电脑生产厂商的官方网站和一些专业网站,收集相关的笔记本电脑的产品信息,扫一扫本章开始处二维码可见主要生产厂商网址。极速网和中关村在线等网站,都提供了详细的笔记本电脑资料和价格,此外还可以看到网友们对不同品牌或型号的笔记本电脑的评论。

四、考虑购机预算

经济预算的依据除了要看你买笔记本电脑的主要目的是什么外,还要看你的经济承受能力有多强。经济承受能力强的即使买笔记本电脑的主要目的是用来打打字和上上网的也要买好一点的,因为谁都不知道自己以后会不会用笔记本电脑来做一些比较复杂的工作,而且配置越高的笔记本用途就越广,也越好用,不要过于迷信够用就好的说法;而对于经济承受能力较差的朋友来说,则要多算计,预算可少一些,在配置上尽量做到够用就好,但不要过于勉强,如确实因工作需要的,可买配置高一些的笔记本,哪怕借钱预算也要多一些,否则买回来后不能满足你的工作需要,致使工作效率偏低是得不偿失的。

五、选定几款"候选"笔记本电脑

做好了以上的工作,我们就要选定几款"候选"的笔记本电脑了。要很好地完成这一"任务",可以到一些 IT 资讯网站去查找相关的产品参数资料,然后再确定。例如中关村在线、硅谷动力网里面就有众多不同品牌、型号的笔记本电脑的详细资料供查找。另外,为了能查到更多相关产品的资料,可以在多个 IT 资讯网站里查找相关产品的详细参数,不同的网站所提供的产品参数可能会有些不同,有些网站列出的产品参数,别的网站可能没列出。当然,也可以用搜索工具来搜索候选产品的技术参数资料,查到的产品资料越多,对比就越仔细,越容易选到合适的笔记本电脑。

六、关注售后服务

质保与售后服务对于笔记本电脑而言是非常重要的。由于笔记本电脑是一种集成度很

高的电子产品,普通用户不能对其进行拆装和修理,并且由于笔记本电脑自身就是一个移动性很强的办公平台,因此,异地保修、跨国联保都是非常重要的,而质保条约中关于质保时限和服务的内容也是不能忽视的。

一般情况下,对于不同品牌和型号的笔记本电脑,其生产厂商都会提供不同的质保时限,而且不同时限中服务的内容也有所不同。购买笔记本电脑时,应仔细与商家确认一系列细节问题,最重要的是应主动向商家索要正规发票作为购买凭据。

1.3.2　选购笔记本电脑的技巧

笔记本电脑随着制造技术越来越成熟,其市场价格也越来越平民化,而且随着功能越来越强大,其使用人群也不仅仅局限于商业人士。那么,普通老百姓在选购笔记本时要注意哪些选购技巧呢?

一、核对标签上的序列号

认真检查一下笔记本电脑外包装箱上的序列号是否与机器机身上的序列号相符合。机身上的序列号一般都在笔记本电脑机身的底座上,在查序列号的同时,还要检查其是否有过被涂改、被重贴过的痕迹。另外,在开机时,要先进入笔记本电脑的主板 BIOS 里,检查一下BIOS 中的序列号和机身的序列号是否一致。三个号都一致的,笔记本电脑的来源基本没有问题,如果有一个不一致,极有可能是翻新或拼装电脑。

二、观察外包装

首先,检查外包装是否完整无误。一般笔记本电脑拆开包装后,里面还有电源适配器、相关配件、产品说明书、联保凭证(号码与笔记本编号相同)、保修证记录卡等,另外,还要注意操作系统恢复盘、安装盘是否与机器上的操作系统相符,这一道道的关卡使伪造变得很困难,所以在购买时一定要多仔细看看。

三、检查外观

检查一下笔记本电脑的外观是否有碰、擦、划、裂等伤痕,液晶显示屏是否有划伤、坏点、波纹、螺丝是否有掉漆等现象。在选购时应尽量找没有坏点的机器,因为液晶屏上的坏点是有可能逐渐扩散的。

四、CPU 够用就行

对笔记本而言,CPU 并不是越快越好。因为很少有人会用笔记本电脑来做一些电脑高端应用,如果消费者的笔记本电脑只是用来运行常用的办公类软件,那么当前市场最普通的处理器就足够应付了,而且 CPU 以后是可以升级的。所以消费者无须过分地追求 CPU 的高频率和高性能,这样反而带来高耗电、高发热等问题。

CPU 技术一直是技术突破最快的,而其他技术如硬盘接口速度、内存大小都比 CPU 对整体性能的影响要大得多,而且不同档次的 CPU,价格差距也非常大,所以即便从省钱的角度考虑,也不必考虑高档或最新的 CPU。可以将购买 CPU 省下的资金来升级诸如内存、硬盘、显卡等配件,对提高整体性能的效果反而更明显一些。

五、选择大品牌产品

选购笔记本电脑时最好挑一些品牌知名度比较高的产品。当前,部分品牌的笔记本电脑(特别是其中的一些杂牌),其返修率相当高。消费者不要因为价格便宜,而选择一些质量没有保证的产品。正规品牌的笔记本电脑,售后服务也是非常人性化和专业的。

六、用测试软件检测笔记本电脑硬件

笔记本的内部硬件包括 CPU、主板、显卡、内存、硬盘等。用户可以使用 CPU-Z、HD Tune、EVEREST 等测试软件进行全方位的检测。用户主要检测 CPU 是否相符,内存的品牌和大小是否相符,显卡是否相符,硬盘是否用过,电池是否用过等。如果检测结果不一致,则可以果断调换或不予购买。

1.3.3 市场常见笔记本电脑品牌

每个笔记本电脑厂商都会根据不同的销售对象,把自己旗下的产品分成数个子品牌。这种分类方式也许方便了厂商自己,但却容易使消费者有眼花缭乱的感觉,所以选购前要对自己购买的机型有比较全面的了解,不要一味听信商家的推荐。

第4节 笔记本电脑的硬件升级

笔记本电脑购买后,可能会感觉整机性能达不到自己的要求,在运行大型软件、大型游戏的时候显得力不从心,因此,会产生升级电脑硬件的需求。特别是对于购买较早的笔记本电脑,这种需求会比较强烈。对于笔记本电脑来说,比较可行且比较有效的升级方法有两种,一是扩充内存容量,二是将机械硬盘更换为固态硬盘。而升级处理器之类的操作对于一般的读者,难度过大,有一定的操作风险,因此,不具备现实可行性。如果实在需要升级处理器,可以委托专业人员处理。

1.4.1 升级笔记本内存

目前在笔记本电脑中,主要使用的是 DDR2、DDR3、DDR4 这几种规格的内存,其中 DDR3 类型的内存是最常见的。在升级的时候首先要准确地了解主板内存插槽的内存规格,不同类型内存并不相互兼容,例如,DDR3 类型的内存无法插在 DDR4 类型的插槽中,反之亦然。当然不同类型的内存插槽不尽相同,这种设计从根本上避免了插错损坏硬件的可能性。判断笔记本电脑的内存类型可以通过观察插槽的布局、参看笔记本电脑说明书、运行硬件测试软件(如 CPU-Z 软件)等几种方式进行。

除了内存规格不同,在选购内存时还会看到频率这个参数,频率和时序反映了内存工作的状态和性能的高低,但并不是选择频率高的内存就代表了高性能,内存频率的高低取决于处理器和主板的型号。以目前最流行的 DDR3 类型为例,较为常见的笔记本内存频率为1600 和 1333,若笔记本支持 1600 频率的内存,则建议选择高频率的版本,高频率内存也支持向下的兼容,就是说 1600 频率的内存既可以运行在 1600 的频率上,也可以运行在 1333 的频率上。若处理器只支持 1333 的频率,在搭配 1600 频率内存时会运行在 1333 的频率上。

升级笔记本电脑内存的步骤如下:

(1) 在笔记本电脑的底部,找到内存盖板,卸掉固定盖板的螺丝,如图 1-9 所示,即可看到主板上的内存插槽。通常来说,可以看见两个内存插槽,其中一个是空的,这是电脑厂商为用户以后升级内存而预留的。

(2) 将笔记本内存金手指上的缺口(如图 1-10)对准内存插槽中的隔断,以斜 45°方向

插入内存插槽（如图 1 - 11），插入到位后将内存条往下按，也就是将内存条按成水平状，笔记本内存插槽处也有两个卡扣用来卡内存条，听到"咔"的声响后，说明内存条被卡进，最后盖上盖板，即可开机进行测试。安装好后如图 1 - 12 所示，内存条呈现水平状。注意笔记本的内存条的安装方法和台式机的略有不同。台式机的是将内存条垂直地下压，安装到主板上的，而由于笔记本的内存条不是垂直地安装在笔记本的主板上的，所以不能用同样的方式。这里提醒一下，如果两个内存插槽是罗列在一起的，就是一个上一个下，那应该先安装下面的内存条，再安装上面的内存条。另外，斜 45°插入时，要稍稍用力，以免内存插不到底。向下压时要注意不要用蛮力，以免损坏内存。

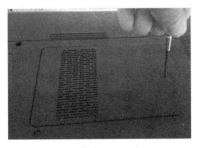

图 1 - 9　拆卸笔记本插槽盖板

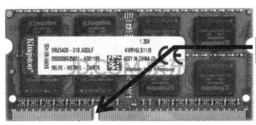

图 1 - 10　笔记本内存金手指缺口示意图

金手指缺口

图 1 - 11　笔记本安装内存条示意图

图 1 - 12　内存条安装完成示意图

对于内存的升级操作，还有几点说明：

（1）笔记本的内存条插槽一般都是两个，主板基本都支持双通道。目前的笔记本电脑对于内存的选择比较灵活，不同品牌、不同容量、不同频率的内存，都可以组成弹性双通道（又称混合双通道）。如果采用与原厂完全相同的内存，即两条内存完全相同，则可以组成传统双通道。

（2）升级好内存后，如果内存总容量超过 4GB，强烈建议安装 64 位版本的操作系统，例如 Windows 7、Windows 8 的 64 位版本。32 位操作系统由于系统设计的限制，只能最多识别 3.5 GB 左右内存容量，也就是说即使用户拥有 4 GB 或更大的内存，在 32 位 Windows 系统上也不能被完全利用，未识别的内存资源浪费严重。而 64 位 Windows 操作系统拥有更高的寻址能力，甚至可以识别超过 100 GB 的内存容量，所以完全不用担心内存容量识别不全的问题。

（3）升级内存时还要清楚地知道笔记本主板本身支持多大的内存，目前主流笔记本的主板一般拥有 2 个内存插槽，最大支持 8 GB 或 16 GB 内存。安装的内存条如果超过系统允许的容量，将无法开机。

（4）建议购买主流品牌的内存条。目前的主流品牌有金士顿、三星、威刚等。这些品牌的内存条质量有保证，售后服务也比较完善。

1.4.2　升级笔记本硬盘

将笔记本电脑中的机械硬盘更换为固态硬盘是一种非常行之有效的升级方式，可以显著提高数据的读写速度、降低噪音、提高抗震能力、改善电池续航性能。在动手操作之前，如果硬盘上有重要数据，请务必做好数据的备份工作。安装新硬盘的具体步骤如下：

（1）首先使用十字螺丝刀，将硬盘仓位附近的螺丝扭开，螺丝钉全部拆除下来之后，即可轻松取下硬盘背壳面板了，如图1-13所示。

图1-13　拆卸硬盘附近的盖板

这里需要强调的是，由于笔记本电脑型号众多，不同的电脑操作方式各有不同，有的如图1-13所示，只需拆除一块局部盖板，有的需要拆除整个外壳，请参考厂家的用户手册进行操作。

（2）看见暴露出来的硬盘后，就可以将硬盘小心地抽取出来，这里需要注意，里边的硬盘数据线接口很小，操作时请务必小心翼翼地拔掉硬盘上的数据线插头，如图1-14所示。有些型号的笔记本电脑，在硬盘周围还有一层金属边框环绕，边框与硬盘用螺丝固定。这种情况下，可以将硬盘连同边框作为一个整体一起抽取出来，再将硬盘与边框分离。

（3）取出笔记本电脑里原来的机械硬盘之后，便可将新购买的固态硬盘安装到笔记本电脑当中，由于固态硬盘与原来机械硬盘外形尺寸基本相同，并且接口也相同，因此，安装就变得相当简单，如图1-15所示。另外注意不要忘记连接数据插头。安装好硬盘以后重新盖上盖板。

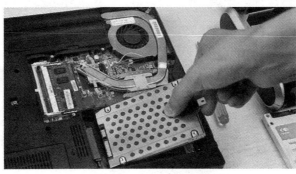

图1-14　拆除原硬盘

图 1－15　安装新硬盘

（4）固态硬盘安装完成之后，进行开机测试。可以进入系统的 BIOS 设置界面，观察新硬盘有没有被系统识别，显示的容量与型号是否正确。如果一切正常，即可按照正常步骤安装操作系统和应用软件。如果原来的硬盘做过系统备份，此时可以直接进行系统恢复，无须再安装系统即可进入原来的系统。通过对比我们发现，更换固态硬盘后，笔记本的开机速度和软件启动运行速度明显优于机械硬盘。

第二章 安装 Windows 7 操作系统

第 1 节 设置笔记本 BIOS

在安装操作系统之前,用户应认识笔记本电脑的 BIOS 并掌握一些关于 BIOS 的设置方法,这样才能顺利完成操作系统的安装。

2.1.1 BIOS 基础

BIOS 是只读存储器基本输入输出系统的简写,它实际上是被固化到计算机中的一组程序,为计算机提供最低级、最直接的硬件控制。准确地说,BIOS 是硬件与软件程序之间的一个"转换器",或者说是接口(虽然它本身也只是一个程序),它负责解决硬件的即时需求,并按软件对硬件的操作要求具体执行。

通常对计算机的设置有 BIOS 设置和 CMOS 设置两种说法。CMOS 是互补金属氧化物半导体的缩写,本意是指制造大规模集成电路芯片用的一种技术或用这种技术制造出来的芯片,在这里通常是指计算机主板上的一块可读写的 RAM 芯片。它存储了计算机系统的时钟信息和硬件配置信息。系统在加电引导机器时,要读取 CMOS 信息用来初始化机器各个部件的状态。它靠系统电源和后备电池来供电,因此,系统断电后信息不会丢失。由于 CMOS 与 BIOS 都跟计算机系统设置密切相关,所以才有 CMOS 设置和 BIOS 设置的说法。CMOS RAM 是系统参数存放的地方,而 BIOS 中系统设置程序是完成参数设置的手段。因此,准确的说法应是通过 BIOS 设置程序对 CMOS 参数进行设置。平常所说的 CMOS 设置和 BIOS 设置实际上都是一种简化说法,在一定程度上就造成了两个概念的混淆。

2.1.2 BIOS 的功能

从功能上看,BIOS 分为自检及初始化、程序服务处理和硬件中断处理三个部分。下面逐个介绍各部分的功能。

一、自检与初始化

自检及初始化程序负责启动计算机,具体有三个部分。第一个部分是用于计算机刚接通电源时对硬件部分的检测,也叫作加电自检(POST,Power On Self Test),功能是检查计算机硬件是否良好,如内存有无故障等;第二个部分是初始化,包括创建中断向量、设置寄存器、对一些外部设备进行初始化和检测等,其中很重要的一部分是 BIOS 设置,主要对硬件设置一些参数,当计算机启动时会读取这些参数并和实际硬件设置进行比较,如果不符合将会影响系统的启动;最后一个部分是引导程序,功能是引导 Windows 操作系统,BIOS 先从软盘或硬盘的开始扇区读取引导记录,如果没有找到,则会在显示器上显示没有引导设备,如果找到引导记录,则会把计算机的控制权转给引导记录,由引导记录把操作系统装入计算

机。在计算机启动成功后,BIOS的这部分任务就完成了。

二、程序服务处理和硬件中断处理

程序服务处理和硬件中断处理,是两个独立的部分,但在使用上密切相关。程序服务处理程序主要是为应用程序和操作系统服务,这些服务主要与I/O设备有关,例如读磁盘、文件输出到打印机等。为了完成这些操作,BIOS必须直接与计算机的I/O设备打交道。它通过端口发出命令,向各种外部设备传送数据以及接收数据,使程序能够脱离具体的硬件操作。硬件中断处理,则处理PC机硬件的需求。因此,这两部分分别为软件和硬件服务,组合到一起可以使计算机系统正常运行。

2.1.3　在 BIOS 设置中调整设备启动顺序

如果要安装操作系统,必须根据用户选择的安装媒介设置正确的设备启动程序。例如,打算通过光盘安装操作系统,就必须把光驱设置为第一启动设备。启动电脑后,根据屏幕提示,按下相应的快捷键进入BIOS设置界面。不同品牌不同型号的笔记本电脑,进入BIOS设置的快捷键各不一样,有的是DEL键,有的是F2键,有的是F10键。操作时,看清楚屏幕的提示即可,或者查询笔记本的用户手册。目前BIOS程序主要有Award和AMI这两种,下面介绍在这两种BIOS中调整设备启动顺序的方法。

一、Award BIOS

图2-1是Award BIOS的主菜单界面,调整设备启动次序的具体步骤是:

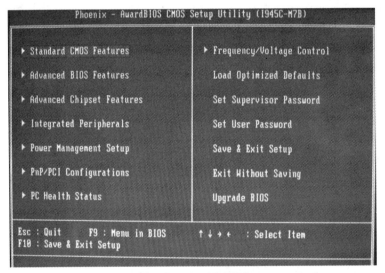

图 2-1　Award BIOS

(1)上下方向键移动到Advanced BIOS Features,按回车键,进入下一界面,如图2-2所示。

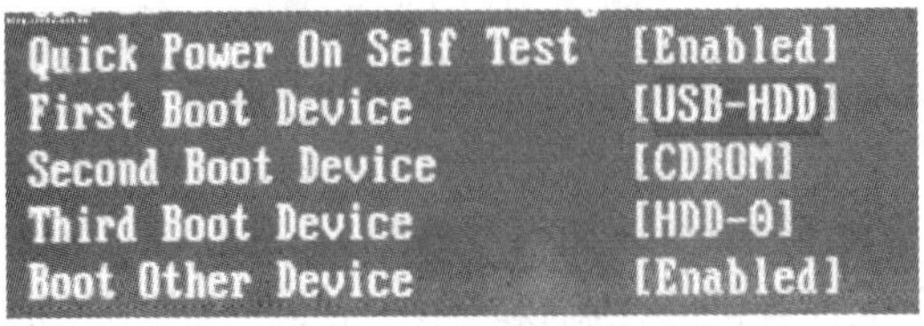

图 2-2　选择第一启动设备

启动顺序为：

First Boot Device 第一启动设备；

Second Boot Device 第二启动设备；

Third Boot Device 第三启动设备。

（2）要想从光驱启动，第一启动设备改为光驱，上下方向键移动到"First Boot Device"第一启动设备上，按回车键，接下来出现选择设备的窗口，如图 2-3 所示。

常见项有：

Floppy 软盘；

HDD-0 硬盘（第一块硬盘）；

CDROM 光驱；

USB-CDROM USB 光驱；

USB-HDD 移动硬盘；

LAN 网络启动。

（3）用方向键上下移动可以选择启动设备，这里我们把第一启动设备设为光驱，用方向键将光块上下移动到 CDROM 后边的[ ]中，按回车键确定。用同样的方法设置第二启动设备、第三启动设备。注意：因为绝大部分时间

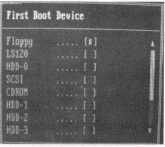

图 2-3　选择第一启动设备

是从硬盘启动，所以三个启动设备中必须有一个是硬盘 HDD-0，否则电脑装完系统也会启动不了，而是提示"DISK BOOT FAILURE"之类的话。

（4）三个启动设备设置完成后，按 ESC 键回到主界面，用上下左右方向键移动到"Save & Exit Setup"项，按回车，如图 2-4 所示。

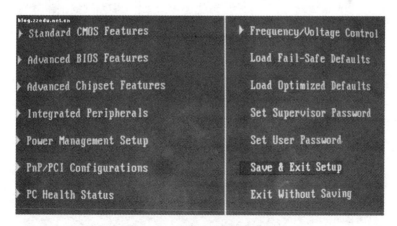

图 2-4　退出 BIOS 设置界面

（5）接下来屏幕会出现是否保存的提示"SAVE to CMOS and EXIT（Y/N）？Y"，默认是保存"Y"，直接按回车，就设置完成，电脑重启。不保存时，则按键移动到"Exit Without Saving"项，按回车，再按回车确认，不保存退出 BIOS。

二、AMI BIOS

图 2-5 是 AMI BIOS 的主界面。修改启动设备次序的具体步骤是：

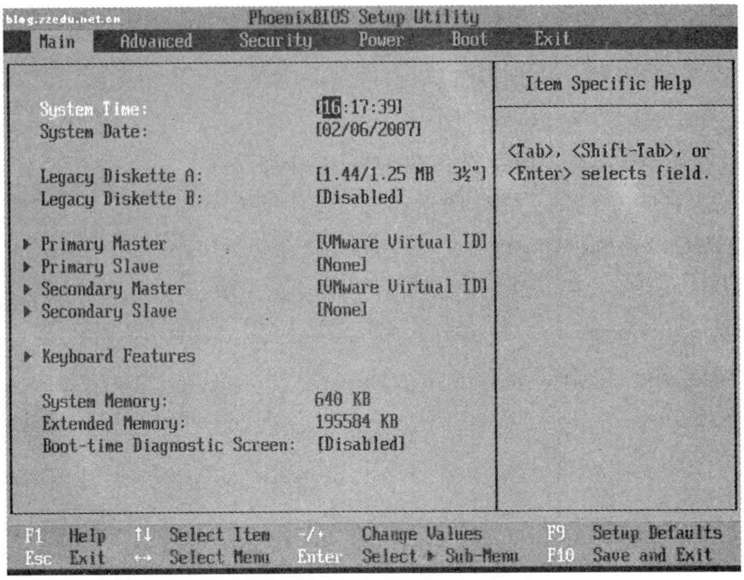

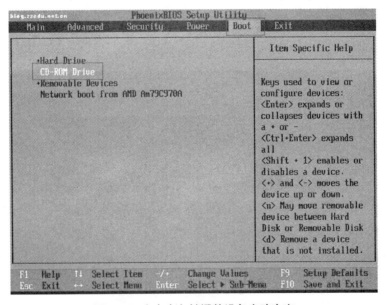

图 2-5　AMI BIOS 界面

步骤一　用左右方向键移动到主菜单中的"BOOT"项,如图 2-6 所示,第一个 Hard Drive 表示硬盘是第一启动设备,第二个 CD-ROM Drive 是第二启动设备。这样设置,如果硬盘可以启动的话,是不会从光盘启动的。

图 2-6　左右方向键调整设备启动次序

步骤二　此时,用上下方向键移动到 CD-ROM Drive 上,再用键盘上的"＋"键,就可以将光驱的启动顺序往前调(用键盘上的"－"键往后调),如果还有其他设备,同样是用"＋"或"－"调整顺序,如图 2-7 所示。

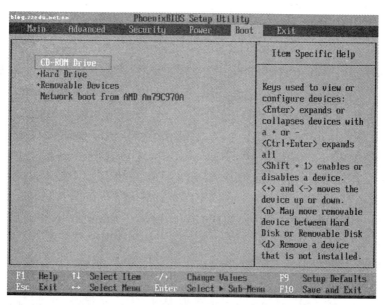

图 2-7 上下方向键调整设备启动次序

步骤三 调整完毕,接下来保存。用左右方向键,移动到"Exit"项,第一项"Exit Saving Changes"就是"保存退出"(第二项"Exit Discarding Changes"是不保存而退出,第三项 "Load Setup Defaults"是将 BIOS 恢复为默认设置),直接按回车键,提示是否保存,直接回车确认保存,自动重启电脑,如图 2-8 所示。

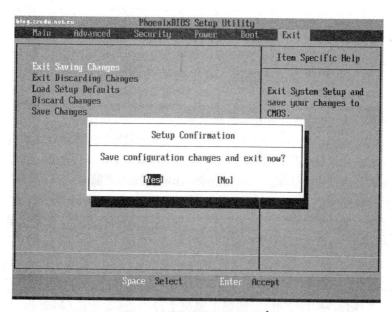

图 2-8 退出 BIOS 设置界面

第 2 节 Windows 7 操作系统简介

Windows 7 是由微软公司(Microsoft)开发的操作系统,核心版本号为 Windows NT 6.1。Windows 7 可供家庭及商业工作环境、笔记本电脑、平板电脑、多媒体中心等使用。2009 年 7 月 14 日 Windows 7 RTM(Build 7600.16385)正式上线,2009 年 10 月 22 日微软于美国正式发布 Windows 7。2011 年 2 月 23 日凌晨,微软面向大众用户正式发布了 Windows 7 升级补丁——Windows 7 SP1。

Windows 7 操作系统为满足不同用户人群的需要,开发了 6 个版本,分别是 Windows 7 Starter(简易版)、Windows 7 Home Basic(家庭基础版)、Windows 7 Home Premium(家庭高级版)、Windows 7 Professional(专业版)、Windows 7 Enterprise(企业版)、Windows 7 Ultimate(旗舰版)。下面对 Windows 7 的各个版本及其区别进行介绍。

一、Windows 7 Starter(简易版)

简易版是功能最少的版本,包含有新增的 Jump List(跳转表)菜单,但是没有 Aero 特效功能。可以加入家庭组(Home Group),但是不能更改背景、主题颜色、声音方案、Windows 欢迎中心、登录界面等,也没有 Windows 媒体中心和移动中心。

该版本仅适用于拥有低端机型的用户,可安装在原始设备制造商的特定机器上,并且还限制了某些特定类型的硬件。其最大的优势就是简单、易用、便宜,对于仅仅上网冲浪的用户来说是个不错的选择。

二、Windows 7 Home Basic(家庭基础版)

Windows 7 Home Basic 是简化的家庭版,新增加的特性包括无线应用程序、增强视觉体验(仍无 Aero)、高级网络支持(ad-hoc 无线网络和互联网连接支持 ICS)、移动中心(Mobility Center)、支持多显示器等。设有玻璃特效功能、实时缩略图预览、Internet 连接共享等,只能加入而不能创建家庭网络组。这个版本仅在新兴市场投放,如中国、印度、巴西等。

三、Windows 7 Home Premium(家庭高级版)

家庭高级版是面向家庭用户开发的一款操作系统,可使用户享有最佳的电脑娱乐体验,通过家庭高级版可以很轻松地创建家庭网络,使多台电脑间共享打印机、照片、视频和音乐等。通过特色鼠标拖拽以及 Jump List 等功能,让电脑操作更简单;可以按照用户喜欢的方式更改桌面主题和任务栏上排列的程序图标,自定义 Windows 的外观。电脑启动、关机、从待机状态恢复和响应的速度更快,充分发挥了 64 位电脑硬件的性能,有效利用可用内存。

四、Windows 7 Professional(专业版)

Windows 7 专业版提供办公和家用所需的一切功能。替代了 Windows Vista 下的商业版,支持加入管理网络、高级网络备份等数据保护功能和位置感知打印技术(可在家庭或办公网络上自动选择合适的打印机)。加强了脱机文件夹、移动中心(Mobility Center)、演示模式(Presentation Mode)等。

五、Windows 7 Enterprise(企业版)

Windows 7 Enterprise(企业版)提供一系列企业级增强功能,包括 BitLocker、内置和外置驱动器数据保护、AppLocker、锁定非授权软件运行、DirectAccess、无缝连接基于

Windows Server 2008 R2 的企业网络、网络缓存等。该版本主要是面向企业市场的高级用户,可满足企业数据管理、共享、安全等需求。

六、Windows 7 Ultimate(旗舰版)

Windows 7 旗舰版具备 Windows 7 家庭高级版和专业版的所有功能,同时增加了高级安全功能以及在多语言环境下工作的灵活性。当然,该版本对计算机的硬件要求也是最高的。在这六个版本中,Windows 7 家庭高级版和 Windows 7 专业版是两大主力版本,前者面向家庭用户,后者针对商业用户。此外,32 位版本和 64 位版本没有外观或者功能上的区别,但 64 位版本支持 16 GB(最高至 192 GB)内存,而 32 位版本只能支持最大 4 GB 内存。目前所有新的和较新的 CPU 都是 64 位兼容的,均可使用 64 位版本。

第 3 节 安装前的准备工作

安装 Windows 7 前要做好必要的准备工作,以保证计算机系统的有效运行及数据安全。

2.3.1 了解硬件需求

官方推荐配置:1 GHz 主频 32 位或 64 位处理器、1 GB 内存(基于 32 位)或 2 GB 内存(基于 64 位)、16 GB 可用硬盘空间(基于 32 位)或 20 GB 可用硬盘空间(基于 64 位)、带有 WDDM 1.0 或更高版本驱动程序的 DirectX 9 图形设备。

使用者推荐配置:1.5 GHz 及以上主频 32 位或者 64 位多核处理器、2 GB 及以上可用物理内存、30 GB 及以上硬盘剩余空间、带有 WDDM 1.0 或更高版本驱动程序的 DirectX 10 图形设备、DVD 光盘驱动器。

2.3.2 运行 Windows 7 升级顾问检测系统

Windows 7 升级顾问是一个实用工具,能扫描用户的电脑硬件、软件是否已经准备好升级 Windows 7,包括硬件是否满足最低需求、是否可以安装 64 位版本、现有软硬件是否兼容,如不满足如何升级等,还能将检测结果导出为 MHTML 格式报告。如果读者打算将自己笔记本电脑所用的 Windows XP 升级为 Windows 7 系统,可以在 Windows XP 系统中运行该工具,看自己的电脑是不是符合升级所需的条件。图 2-9 为运行过该工具后给出的测试报告。

32 位报告　64 位报告

您可能需要解决的问题数：1

系统	详细信息
ⓘ 要求自定义安装	您需要执行 32 位 Windows 7 的自定义安装，然后重新安装您的程序。请确保在开始安装前先备份您的文件。 联机获取有关在运行 Windows XP 的计算机上安装 Windows 7 的重要信息
ⓘ Outlook Express	Windows 7 中不再包括此程序。您可以从其他软件制造商获取适用于 Windows 7 的类似程序。 访问 Microsoft 网站以了解详细信息
ⓘ 来自 Hewlett-Packard 的详细信息	Hewlett-Packard 提供了一个网站，该网站上可能为您提供了有关如何在计算机上运行 Windows 7 的详细信息。 访问 Hewlett-Packard 网站
√ 已通过 4 条系统要求 查看所有系统要求	

设备	状态	详细信息
⚠ Realtek PCIe GBE Family Controller Realtek Semiconductor Corp.	推荐的操作	安装 Windows 7 之前，请访问设备制造商网站下载此设备最新的驱动程序。安装 Windows 7 之后，请安装已保存的驱动程序。
? AMD SMBus Advanced Micro Devices, Inc	未知	我们不具有有关此设备的兼容性信息。
ATI Radeon HD 7350 Advanced Micro Devices, Inc.	检查 Windows Update	安装 Windows 7 后检查 Windows Update，以确保安装了此设备的最新驱动程序，否则，该设备可能无法工作。
√ Realtek High Definition Audio Realtek	检查 Windows Update	安装 Windows 7 后检查 Windows Update，以确保安装了此设备的最新驱动程序，否则，该设备可能无法工作。
√ 4 个设备列为兼容 查看所有设备		

程序	状态	详细信息
√ 21 个程序列为兼容 查看所有程序		
要查找有关其他程序和设备的兼容性信息吗？ 访问 Windows 7 兼容中心		
ⓘ 对 Windows XP Mode 感兴趣？ Windows XP Mode 是 Windows 7 专业版和旗舰版中的一个可选功能，该功能需要高级技术。 查看您的计算机是否支持 Windows XP Mode		

图 2-9　Windows 7 升级顾问检测报告

第 4 节　通过光驱安装 Windows 7 操作系统

通过光驱安装 Windows 7 操作系统是最常见的安装方法，安装之前需要找到正版安装光盘，或者从网络下载安装光盘镜像文件，通过专门的工具软件（如 UltraIso）刻录一张操作系统安装光盘。在 BIOS 设置中将启动顺序设置为先从光驱启动，具体设置方法请参考本书前面章节，然后把操作系统安装光盘放入 DVD 光驱，重新启动电脑，等待显示 Starting Windows，接着显示"Windows is loading files…"，开始进入安装界面，下文详述每步安装说明。

1. 选择安装语言

如图 2-10 所示，在安装界面上，默认语言就是中文，因此，一般情况下无需改变。语言设置好后，点击"下一步"。Windows 7 的旗舰版本还可以在安装后安装多语言包，升级支持其他语言显示。

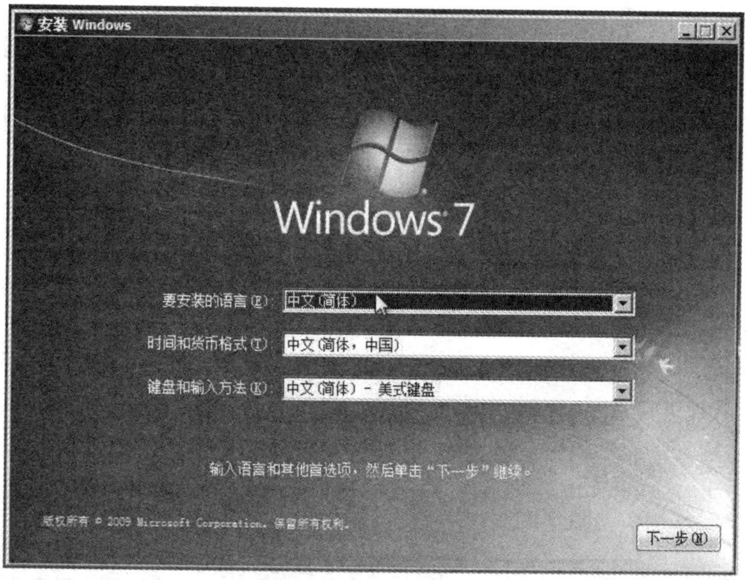

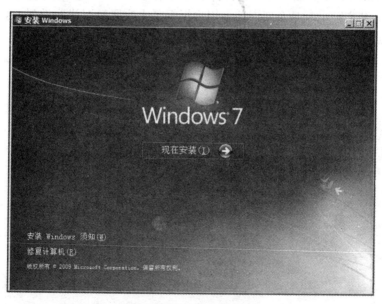

图 2-10　选择安装语言

2. 出现安装界面

如图 2-11 所示,点击"现在安装"即可,本图是全新安装,所以没有看到升级界面上的兼容测试等选项(如果从低版本 Windows 上点击安装就会有),这里还有个重要用途,图 2-11 中左下角有个"修复计算机"选项,这在 Windows 7 的后期维护中,作用极大。

图 2-11　安装初始画面

3. 许可协议选择

在图 2-12 中,勾选"我接受许可条款"复选框并点击"下一步"。

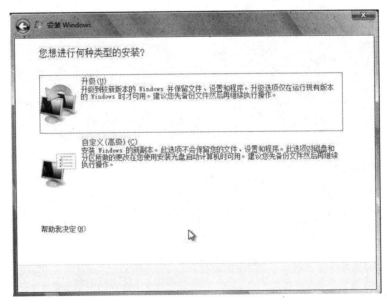

图 2－12　确认许可协议

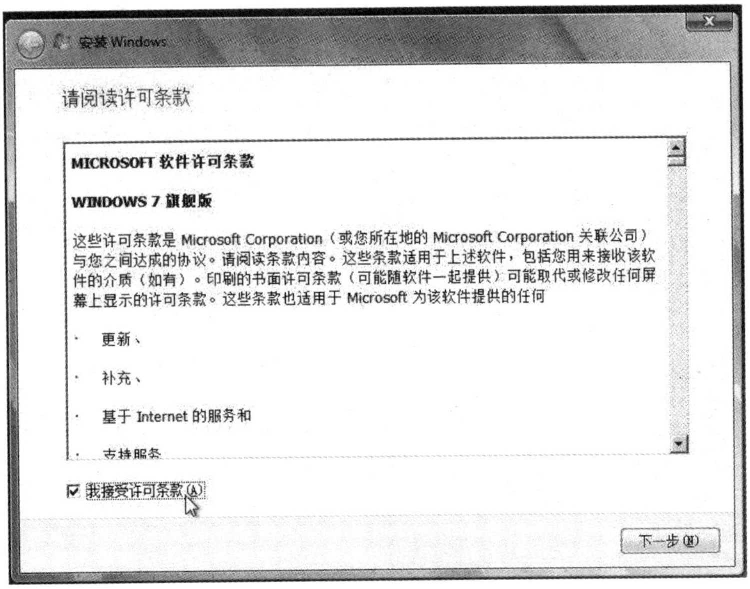

4. 选择安装模式

Windows 7 提供了两种安装方式:升级安装与自定义安装。升级安装指的是在当前已安装的操作系统的基础上升级为 Windows 7 操作系统,并保留用户的设置和程序。不过需要指出的是 Windows 7 升级安装只支持打上 SP1 补丁的 Vista,其他操作系统都不可以升级,而自定义安装实际上就是全新安装。用户根据各人实际情况进行选择,这里选择"自定义(高级)"并点"下一步",如图 2－13 所示。

图 2－13　选择安装模式

5. 选择安装磁盘

如果需要对系统盘进行某些操作,比如格式化、删除驱动器等都可以在此操作,方法是点击驱动器盘符,然后点击下面的高级选项,这时候有一些常用的命令,包括删除或创建新系统盘等,如图 2-14 所示。

提醒:用户以前在使用 Windows XP 安装程序时,安装程序会自带 NTFS 格式化和 NTFS 快速格式化选项,但是从 Vista 开始,默认的格式化都是快速格式化,也就是说如果原分区已经是 NTFS,则只是重写了 MFT 表,删除现有文件,如果系统分区存在错误,可能在安装过程中并不能被发现。

注意:

➤ 如果用户删除分区然后让 Windows 使用可用空间创建分区,那么旗舰版的 Windows 7 将在安装时候自动保留一个 100 M 或 200 M 的分区供 BitLocker 使用,而且删除起来也非常麻烦。

➤ 如果用户只是在驱动器操作选项(Drive Options)里对现有分区进行格式化,Windows 7 则不会创建保留分区,仍然保留原分区状态。

➤ 这里安装一定要指定正确的盘符并小心,不要因为选错而丢失数据。

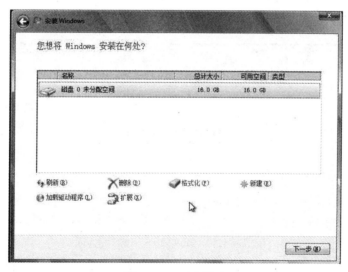

图 2-14　磁盘操作

6. 开始安装

这个过程大约需要 15 分钟的时间,中间可能有多次重启。最后一次重启后就进入设置账号和密码的阶段了,如图 2-15 所示。

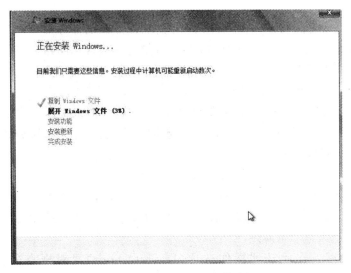

图 2 - 15 Windows 7 安装过程

7. 设置用户账号及密码

在图 2 - 16 中,根据自己习惯设置账户名称以及计算机名称即可。

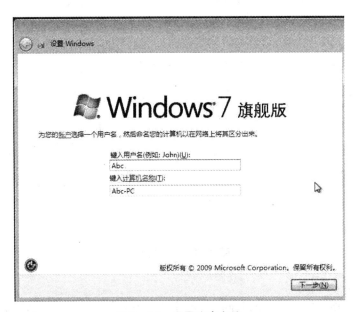

图 2 - 16 设置账户名称

在图 2 - 17 中,设置密码及提示信息。

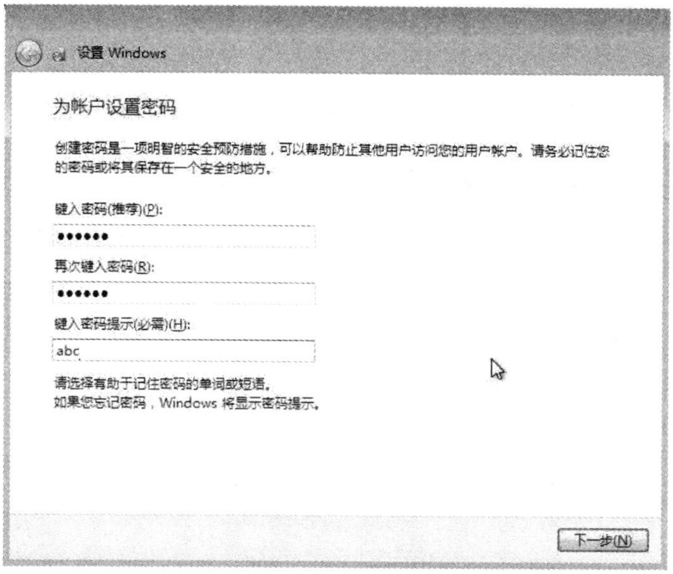

图 2 - 17 设置密码

在图 2 - 18 所示的界面中,输入 Windows 7 的 25 位产品序列号,这个也可以暂时不输入,是否自动联网激活 Windows 选项也选择否,可以在稍后进入系统后再激活,点击"下一步"。

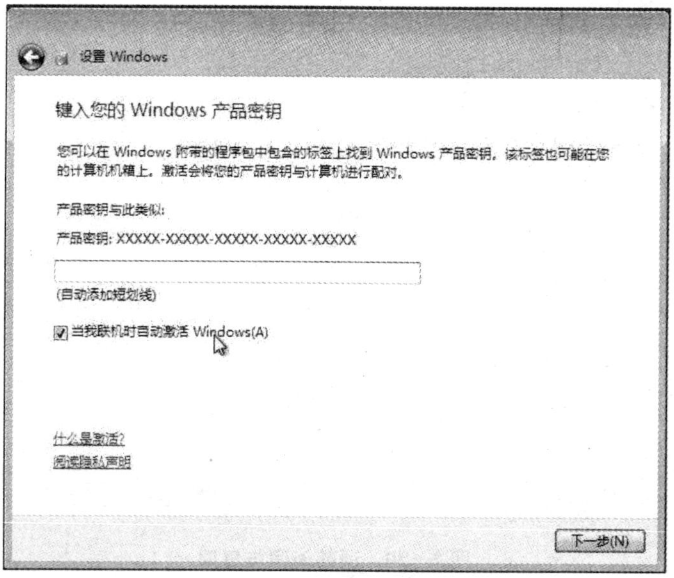

图 2 - 18 输入产品密钥

8. 设置更新选项

这一步是关于 Windows 7 的更新设置,有三个选项:"使用推荐设置"、"仅安装重要的更新"和"以后询问我"等三个,如图 2 - 19 所示,用户可以任选一项并点击"下一步"。

图 2 - 19 更新设置

9. 设置时间与日期

接着开始设置日期和时间,检查一下是否设置正确,如图 2 - 20 所示,并点"下一步"。

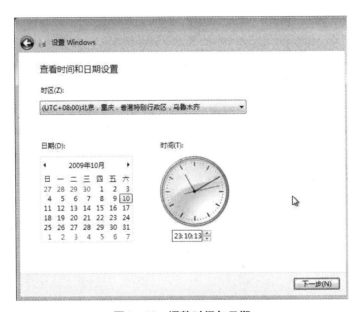

图 2 - 20 调整时间与日期

10. 成功安装

到这 Windows 7 就已经成功安装完成了,由于 Windows 7 比较新,内置了市面上绝大多数硬件的驱动程序。在操作系统安装的过程中,安装程序会自动安装相关部件的驱动程序,这样就极大地降低了用户后续安装驱动程序的工作量。

第 5 节　驱动程序安装

英文名为"Device Driver"，全称为"设备驱动程序"，是一种可以使计算机和设备通信的特殊程序，可以说相当于硬件的接口，操作系统只有通过这个接口，才能控制硬件设备的工作，假如某设备的驱动程序未能正确安装，便不能正常工作。因此，驱动程序被誉为"硬件的灵魂"、"硬件的主宰"和"硬件与系统之间的桥梁"等。

2.5.1　驱动程序介绍

一般当操作系统安装完毕后，首要的便是安装硬件设备的驱动程序。不过，大多数情况下，用户并不需要安装所有硬件设备的驱动程序，例如，硬盘、显示器、光驱、键盘、鼠标等就不需要安装驱动程序，而显卡、声卡、扫描仪、摄像头、Modem 等就需要安装驱动程序。另外，不同版本的操作系统对硬件设备的支持也是不同的，一般情况下版本越高，所支持的硬件设备也越多，例如，对于 Windows 7 操作系统，可能装好系统后一个驱动程序也不用安装，也有可能需要安装少量设备与部件的驱动程序。

设备驱动程序用来将硬件本身的功能告诉操作系统，完成硬件设备的电子信号与操作系统及软件的高级编程语言之间的互相翻译。当操作系统需要使用某个硬件时，例如，让声卡播放音乐，它会先发送相应指令到声卡驱动程序，声卡驱动程序接收到后，马上将其翻译成声卡才能听懂的电子信号命令，从而让声卡播放音乐。所以简单地说，驱动程序提供了硬件到操作系统的一个接口，并协调二者之间的关系，而因为驱动程序有如此重要的作用，所以人们都称"驱动程序是硬件的灵魂"、"硬件的主宰"，同时驱动程序也被形象地称为"硬件和系统之间的桥梁"。

驱动程序即添加到操作系统中的一小块代码，其中包含有关硬件设备的信息。有了此信息，计算机就可以与设备进行通信。驱动程序是硬件厂商根据操作系统编写的配置文件，可以说没有驱动程序，计算机中的硬件就无法工作。操作系统不同，硬件的驱动程序也不同，各个硬件厂商为了保证硬件的兼容性及增强硬件的功能会不断地升级驱动程序。例如，Nvidia 显卡芯片公司平均每个月会升级显卡驱动程序 2～3 次。驱动程序是硬件的一部分，当用户安装新硬件时，驱动程序是一项不可或缺的重要元件。凡是安装一个原本不属于电脑中的硬件设备时，系统就会要求用户安装驱动程序，将新的硬件与电脑系统连接起来。

2.5.2　驱动程序获取途径

既然驱动程序有着如此重要的作用，那该如何取得相关硬件设备的驱动程序呢？ 这主要有以下几种途径：

一、使用操作系统提供的驱动程序

操作系统（如本书介绍的 Windows 7 操作系统）中已经附带了大量的通用驱动程序，能够兼容许多的设备，这样在安装系统后，往往许多硬件设备无须再单独安装驱动程序就能正常运行。

操作系统相对于硬件来说总是滞后的，硬件厂商总是通过不断地发布新版本的驱动程序用以支持新硬件或进一步提高硬件的性能。因此，一般操作系统附带的驱动程序并不能

够完全支持硬件设备,表现为不能够充分发挥硬件的性能;同时操作系统附带的驱动程序也是有限的,很多时候操作系统并没有附带某些硬件的驱动程序。最常见的就在于没有附带显卡驱动程序,这时就需要手动来安装驱动程序了。

二、使用设备、部件所附带的驱动程序盘中提供的驱动程序

一般来说,各种硬件设备的生产厂商都会针对自己硬件设备的特点开发专门的驱动程序,并采用软盘或光盘的形式在销售硬件设备的同时一并免费提供给用户。这些由设备厂商直接开发的驱动程序都有较强的针对性,它们的性能比 Windows 附带的驱动程序要高一些。

三、通过网络下载

通过前面的介绍,用户可以识别到硬件的生产厂商及型号或者芯片型号,于是用户便可以通过访问硬件生产厂商的网站下载驱动程序,或者通过访问芯片组厂商的网站下载公版驱动,当然还可以通过访问专业提供驱动程序的站点进行下载。

1. 硬件生产厂商网站

以微星公司生产的 B85－G43 主板为例。登录微星的官方网站 cn.msi.com,通过关键字检索,打开该型号主板的介绍页面,点击"下载"链接并进一步选择驱动程序项目,接下来选择操作系统版本,这样就能看到与该主板相关的所有驱动程序,如图 2－21 所示。

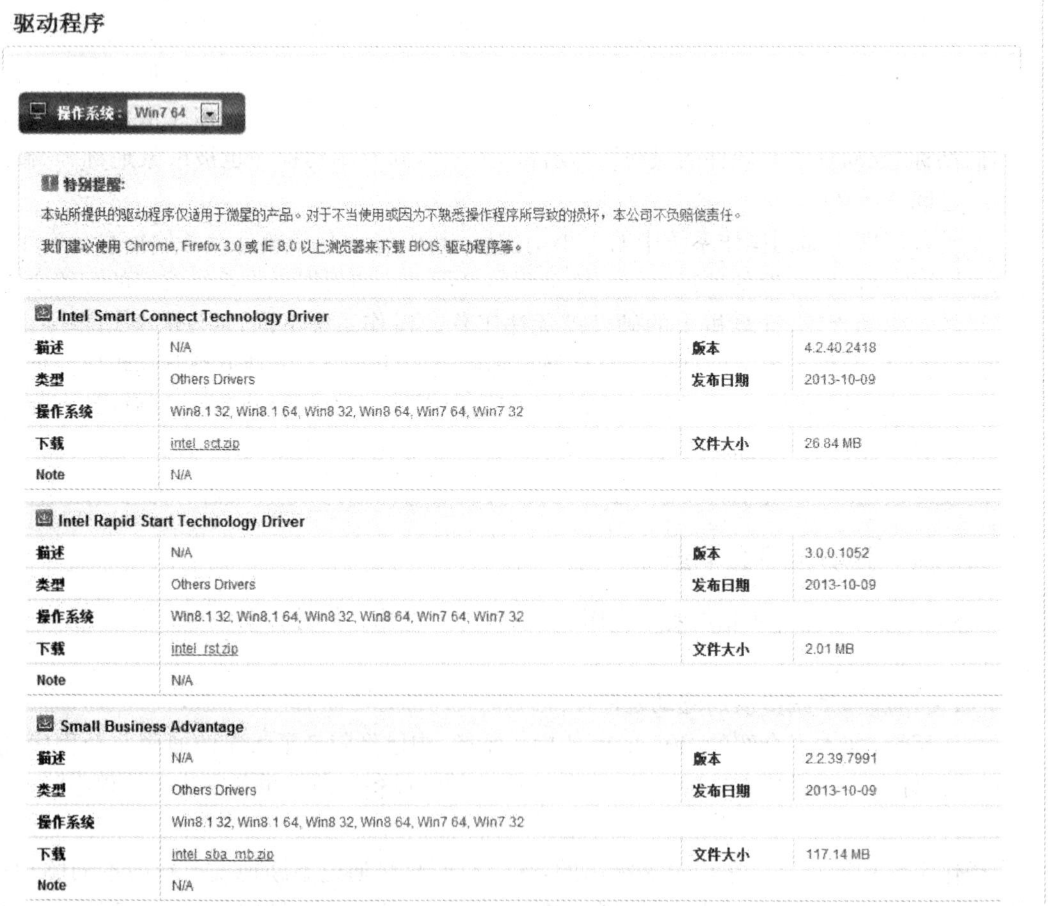

驱动程序

操作系统: Win7 64

特别提醒:

本站所提供的驱动程序仅适用于微星的产品。对于不当使用或因为不熟悉操作程序所导致的损坏,本公司不负赔偿责任。

我们建议使用 Chrome, Firefox 3.0 或 IE 8.0 以上浏览器来下载 BIOS, 驱动程序等。

Intel Smart Connect Technology Driver

描述	N/A	版本	4.2.40.2418
类型	Others Drivers	发布日期	2013-10-09
操作系统	Win8.1 32, Win8.1 64, Win8 32, Win8 64, Win7 64, Win7 32		
下载	intel_sct.zip	文件大小	26.84 MB
Note	N/A		

Intel Rapid Start Technology Driver

描述	N/A	版本	3.0.0.1052
类型	Others Drivers	发布日期	2013-10-09
操作系统	Win8.1 32, Win8.1 64, Win8 32, Win8 64, Win7 64, Win7 32		
下载	intel_rst.zip	文件大小	2.01 MB
Note	N/A		

Small Business Advantage

描述	N/A	版本	2.2.39.7991
类型	Others Drivers	发布日期	2013-10-09
操作系统	Win8.1 32, Win8.1 64, Win8 32, Win8 64, Win7 64, Win7 32		
下载	intel_sba_mb.zip	文件大小	117.14 MB
Note	N/A		

图 2－21　从生产厂家网站下载驱动程序

2. 专业驱动网站

目前有一些专门搜集各类板卡、设备、部件驱动程序的网站,在这些网站中几乎可以找到所有的驱动程序并免费下载。这些驱动程序包含适用于不同操作系统的各个版本,也包含不同日期发布的各个版本。图 2-22 是著名的驱动之家网站的页面截图。

图 2-22　从专业驱动网站下载驱动

3. 第三方工具软件

以驱动精灵为例,驱动精灵利用先进的硬件检测技术,配合驱动之家近十年的驱动数据库积累,能够智能识别用户的计算机硬件,匹配相应驱动程序并提供快速的下载与安装服务。可以毫不夸张地说,用户在使用驱动精灵后可以彻底扔掉驱动程序光盘,把驱动程序的安装与升级交给驱动精灵来完成。同时该工具还具备驱动程序的备份和卸载功能,也可以自动下载系统补丁包,修复系统漏洞。图 2-23 为该软件的运行界面。

图 2-23　驱动精灵

2.5.3 安装驱动程序的科学顺序

也许有人认为安装驱动程序就是把所有的硬件驱动都安装上去就行了,其实不然,驱动的安装顺序也是讲究科学的,只有按照科学的顺序安装驱动,才能够发挥硬件应有的性能。驱动程序安装顺序不同,可能使得计算机的性能不同、稳定程度不同、故障率不同等。一般来说,驱动程序的安装应该遵从下列安装顺序。

1. 系统补丁

安装完系统之后,第一步该做的便是打上系统补丁。打上系统补丁,首先,能够改善系统的整体兼容性问题;其次,这也为驱动程序与系统的无缝结合做了铺垫,以尽可能避免出现兼容性或者稳定性问题。

2. 主板驱动

主板驱动通常就是用来开启芯片组功能的驱动程序,这个驱动程序的安装尤为重要。

3. 各种板卡驱动

板卡驱动主要包括网卡、声卡、显卡等。

4. 各种外设

通常计算机还会有其他的外部连接设备,最常见的就是打印机、扫描仪、键盘、鼠标等。对于键盘、鼠标一般来说都是可以不用安装驱动程序的,但对于有特殊功能的键盘、鼠标来说,可能需要安装相应的驱动程序才能实现这些功能。

第 6 节 驱动程序的安装方法

目前驱动程序的安装大致有三种方法,一是使用厂家提供的可执行安装文件完成驱动程序的安装,二是通过 Windows 系统提供的设备管理器完成安装工作,三是通过第三方工具自动搜索、下载、安装驱动程序。下面分别加以介绍。

2.6.1 通过可执行文件安装驱动程序

在大部分情况下,用户从设备、板卡、部件的配套光盘或者通过网络下载方式得到的驱动程序是一个后缀名为 exe 的可执行文件,或者在驱动程序文件夹中能够看到"setup. exe"、"install. exe"之类的安装启动文件。在这种情况下,驱动程序的安装与普通应用程序的安装并没有什么明显的区别,用户只需要双击该可执行文件,在安装向导界面上根据屏幕提示一步步完成操作即可。下面以某一型号的显卡为例做简要介绍。

步骤一 在驱动程序文件夹中,找到 setup. exe,并双击执行,如图 2 - 24 所示。

图 2 - 24 驱动程序文件夹

步骤二 启动安装程序,出现如图 2-25 所示的安装界面。

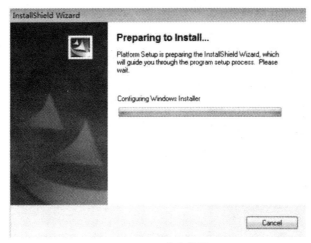

图 2-25 驱动安装界面

步骤三 在图 2-26 所示的界面上点击"下一步"按钮。

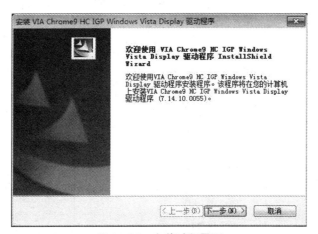

图 2-26 安装过程界面

步骤四 确认驱动信息,然后单击图 2-27 中的"下一步"按钮。

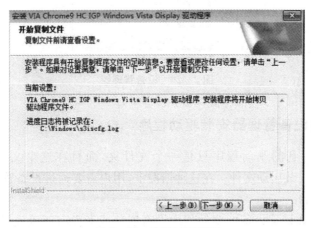

图 2-27 安装过程界面

步骤五 此时系统将自动进行文件的复制,信息配置工作,最后安装向导程序弹出信息提示框,要求重新启动计算机,如图2-28所示。

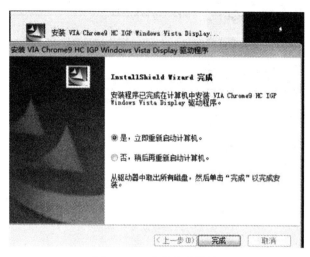

图2-28 安装完成界面

步骤六 重新启动后,打开如图2-29所示的设备管理器,可以看到显卡驱动已经安装成功。

图2-29 设备管理器

2.6.2 通过设备管理器安装驱动程序

有时候,用户得到的驱动程序只是一个文件夹,而且在这个文件里面找不到诸如"setup. exe"之类的安装启动文件。在这种情况下,用户需要通过设备管理器来完成驱动程序的安装。举例如下:

(1)一般来说,如果某设备的驱动程序没有安装或者没有正确安装,那么在 Windows

的设备管理器中,该设备栏上会被打上一个问号,如图 2 - 30 所示。在该设备上右击鼠标,在弹出的快捷菜单上,点击"更新驱动程序软件"这一项。

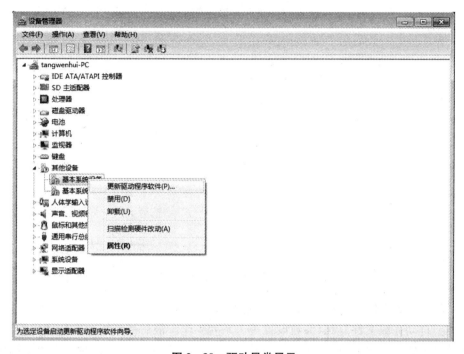

图 2 - 30　驱动异常显示

(2) 接着,弹出如图 2 - 31 所示的界面,选择"浏览计算机以查找驱动程序软件"这一项。

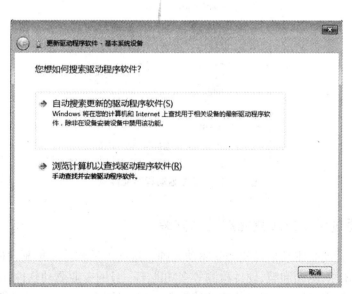

图 2 - 31　安装过程界面

（3）在图 2 - 32 中，点击"浏览"按钮。

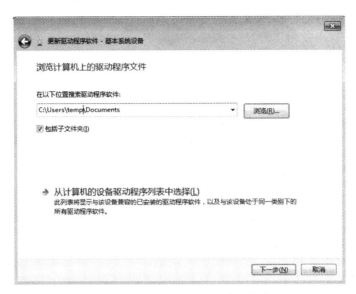

图 2 - 32 选择驱动程序所在文件夹

（4）在弹出的文件夹选择对话框中，找到驱动程序所在的文件夹，点击"确定"按钮，接着系统将会自动完成文件复制、参数设置等一系列工作。最后等到提示安装完成的时候，重启一下计算机即可。注意，在选择文件夹时一定不要选错，驱动程序针对不同的操作系统有不同的版本，而且还有 32 位与 64 位之分，如图 2 - 33 所示。

图 2 - 33 定位驱动程序文件夹

2.6.3 通过第三方工具完成驱动安装

目前比较流行的是驱动精灵和 360 驱动大师。这些工具软件是集驱动搜集、驱动升级、驱动备份、驱动还原、驱动卸载、硬件检测等多功能于一身的专业驱动软件，能够自动检测计算机的硬件配置情况，针对未能安装驱动的设备，自动联网在驱动程序库中搜索相匹配的驱动程序，并能实现自动下载和自动安装，无须人工干预，非常便利，简化了安装操作。

图 2 - 34 是 360 驱动大师的工作界面。

图 2 - 34　360 驱动大师软件的工作界面

360 驱动大师是一款专业解决驱动安装更新的软件,有着百万级的驱动程序库支持,驱动程序安装一键化,无须手动操作,首创的驱动体检技术,让用户更直观了解电脑的状态,强大的云安全中心确保所下载的驱动程序不带病毒,具备一键化安装和升级功能。主要功能有:

(1)通用网卡驱动。在没有网卡驱动的情况下自动从本地安装网卡驱动程序,方便新装机用户。

(2)驱动体检。首创驱动体检技术,更快更精准地识别电脑,电脑信息一目了然。

(3)精确识别。在线云端独有的技术,准确地匹配驱动程序,让驱动程序安装更简单。

(4)极速安装。能够一键安装,驱动程序下载速度快。

(5)硬件识别。首创一键智能识别假显卡、假硬件的功能,让无良硬件商无处可藏。

(6)即插即用。真正让用户体验即插即用的乐趣,简化安装流程。

第三章 系统维护

第 1 节 BIOS 更新

主板厂商在发布销售主板后,会定期更新主板上的 BIOS 程序。每一次更新都会添加一些新的功能,能够识别最新的计算机硬件,并修复上一个版本里面已经发现的一些错误和缺陷。因此,我们需要掌握主板 BIOS 的更新方法。下面以技嘉主板为例,介绍主板 BIOS 的更新方法。技嘉主板提供两种 BIOS 更新方法:Q-Flash 及@BIOS。读者选择其中一种方法即可。

3.1.1 Q-Flash 更新方法

Q-Flash(BIOS 快速刷新)是一个简单的 BIOS 管理工具,可以让用户轻松省时地更新或保存备份 BIOS。当用户要更新 BIOS 时不需进入任何操作系统(例如 DOS 或是 Windows)就能使用 Q-Flash,因为这个功能就在 BIOS 菜单中。下面介绍具体的操作步骤。

步骤一　请先到技嘉网站下载符合所用主板型号的最新 BIOS 版本压缩文件。

步骤二　解压缩所下载的 BIOS 压缩文件并且将 BIOS 文件(例如:G31MES2L. FA)保存到磁盘、USB 盘或硬盘中。(请注意:所使用的 USB 盘或硬盘必须是 FAT32/16/12 文件系统格式)

步骤三　如图 3-1 所示,重新开机后,BIOS 在进行 POST 时,按〈End〉键即可进入 Q-Flash。(请注意:用户可以在 POST 阶段按〈End〉键或在 BIOS Setup 主画面按〈F8〉键进入 Q-Flash 菜单,但如果是将解压缩的 BIOS 文件保存到 RAID/AHCI 模式的硬盘或连接至独立 IDE/SATA 控制器的硬盘,请通过在 POST 阶段按〈End〉键的方式进入 Q-Flash 菜单)

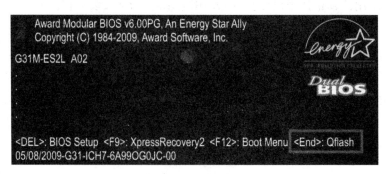

图 3-1　开机画面

步骤四　将已存有 BIOS 文件的 U 盘插入到电脑的 USB 接口上。进入 Q-Flash 后,在

Q-Flash 主画面利用上下键移动光标到"Update BIOS from Drive"选项,然后按〈Enter〉键。接着选择正确的驱动器类型和 BIOS 数据文件,并按回车键。此时屏幕会显示正在从磁盘中读取 BIOS 文件。当确认对话框"Are you sure to update BIOS?"出现时,请按〈Enter〉键开始更新 BIOS,同时屏幕会显示目前更新的进度。注意:当系统正在读取 BIOS 文件或更新 BIOS 时,请勿关掉电源或重新启动系统,也不要取出磁盘或移除硬盘/USB 盘。

步骤五　完成 BIOS 更新后,请按任意键回到 Q-Flash 菜单。

步骤六　按下〈Esc〉键后再按〈Enter〉键退出 Q-Flash,此时系统将自动重新开机。重新开机后,POST 画面的 BIOS 版本即已更新。

步骤七　在系统进行 POST 时,按〈Delete〉键进入 BIOS 设置程序,并移动光标到"Load Optimized Defaults"选项,按下〈Enter〉键加载 BIOS 出厂预设值。更新 BIOS 后,系统会重新检测所有的外围设备,因此,建议用户在更新 BIOS 后,重新加载 BIOS 预设值,如图 3-2 所示。

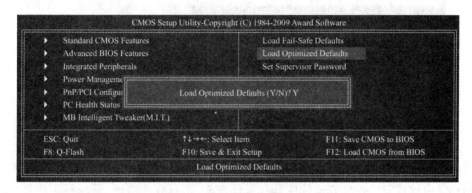

图 3-2　加载 BIOS 预设值

步骤八　选择"Save & Exit Setup",按〈Y〉键保存设置值到 CMOS 中并退出 BIOS 设置程序。退出 BIOS 设置程序后,系统即重新开机,整个更新 BIOS 程序即完成。

3.1.2　通过@BIOS 实现 BIOS 在线更新

在 Windows 7 系统下,请先关闭所有的应用程序与常驻程序,以避免更新 BIOS 时发生不可预期的错误。在更新 BIOS 的过程中,网络连接绝对不能中断(例如,断电、关闭网络连接)或使网络处于不稳定的状态。如果发生以上情形,容易导致 BIOS 损坏而使系统无法开机。@BIOS 软件的工作界面如图 3-3 所示。

1. 通过网络更新 BIOS

点选"Update BIOS from GIGABYTE Server",选择距离所在国家(地区)最近的@BIOS 服务器,下载适合此主板型号的 BIOS 文件。请务必确认 BIOS 文件是否与主板型号相符,若选错型号而进行更新 BIOS,会导致系统无法开机。接着请按照画面说明完成操作。

2. 手动更新 BIOS

点选"Update BIOS from File",选择事先经由网站下载或其他方式得到的已解压缩的BIOS 文件,按照画面说明完成操作。

3. 保存 BIOS 文件

点选"Save Current BIOS to File"可保存目前所使用的 BIOS 版本。

4. 加载 BIOS 预设值

勾选"Load CMOS default after BIOS update",可在 BIOS 更新完成后重新开机时,加载 BIOS 预设值。

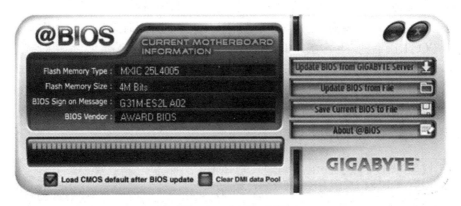

图 3-3 @BISO 界面

第 2 节 安全软件的使用

目前,电脑安全软件已经成为装机必备软件,其中比较流行、装机量最大的是 360 安全卫士和 QQ 电脑管家。这些安全软件具有木马查杀、恶意软件清理、漏洞补丁修复、电脑全面体检等多种功能。下面以 360 安全卫士为例,介绍安全软件的常用功能。

3.2.1 360 安全卫士简介

360 安全卫士是奇虎 360 安全中心推出的一款免费互联网安全软件。2006 年 7 月 27 日,360 安全卫士正式推出。目前已有近 4 亿用户选择了 360 安全卫士来防杀木马、优化电脑性能,360 安全卫士已成为广受欢迎的安全软件。

360 安全卫士具有电脑全面体检、木马查杀、漏洞补丁修复、恶意软件清理、垃圾和痕迹清理等多种功能,并独创了"木马防火墙"功能,依靠抢先侦测和 360 安全中心云端鉴别,可全面、智能地拦截各类木马,保护用户的账号、隐私等重要信息。目前木马威胁之大已远超病毒,360 安全卫士运用云安全技术,在拦截和查杀木马的效果、速度以及专业性上表现出色,能有效防止个人数据和隐私被木马窃取,被誉为"防范木马的第一选择"。

360 安全卫士自身非常轻巧,同时还具备开机加速、垃圾清理等多种系统优化功能,可大大加快电脑运行速度,内含的 360 软件管家还可帮助用户轻松下载、升级和强力卸载各种应用软件,内含的 360 网盾可以帮助用户拦截广告、安全下载、保护聊天和上网信息。

360 安全卫士具备下述特点:

➢ 领先的云安全技术,防杀最新木马。全球领先的云查杀技术,加上立体的主动防御系统和人工智能查杀引擎,第一时间拦截查杀最新木马。

➢ 智能加固系统,远离电脑漏洞。360 安全卫士拥有完备的 Windows 系统补丁库,会在微软发布补丁后第一时间为用户智能安装补丁。

➢ 优化电脑性能,清除系统垃圾。360 安全卫士包含丰富的电脑性能优化工具,可以帮用户清除系统中的垃圾文件和数据,全面优化电脑性能,让电脑快速启动,轻装运行。

➢ 海量软件,轻松搜索高速安装。360 安全卫士包含"软件管家"功能,用户可方便地搜索到近 10 万款常用的软件,高速下载安装。

➢ 丰富的小工具,助用户轻松管理电脑。360 安全卫士包含数十个电脑和网络管理小工具,并不断根据用户的需求增加新工具,可帮用户轻松管理电脑和网络。

3.2.2　360 安全卫士的主要功能

360 安全卫士包括电脑体检、木马查杀、系统修复、电脑清理、优化加速、电脑救援、手机助手、软件管家等主要功能。此外还包括其他一些附带的实用功能。

1. 电脑体检

体检功能可以全面地检查电脑的各项状况。体检完成后会提交给用户一份优化电脑的意见,用户可以根据需要对电脑进行优化。体检结束后可以提醒用户对电脑做一些必要的维护,例如,木马查杀、垃圾清理、漏洞修复等。总之定期使用体检功能可以有效地保持电脑的健康。图 3 - 4 是 360 安全卫士正在进行体检的界面。

图 3 - 4　电脑体检

2. 木马查杀

利用计算机程序漏洞侵入后窃取文件的程序被称为木马。木马对电脑的危害非常大，可能导致包括支付宝、网络银行在内的重要账户密码丢失。木马的存在还可能导致用户的隐私文件被拷贝或删除，所以及时查杀木马对安全上网来说十分重要。360 安全卫士的木马查杀功能可以找出电脑中疑似木马的程序并在取得用户允许的情况下删除这些程序。操作方法是：点击进入木马查杀的界面后，用户可以选择"快速扫描"、"全盘扫描"和"自定义扫描"来检查电脑里是否存在木马程序。扫描结束后若出现疑似木马，用户可以选择删除或加入信任区。图 3-5 是 360 安全卫士正在进行木马扫描的画面，扫描结束后会给出一份详细的扫描报告供用户参考。

图 3-5　木马查杀

3. 系统修复

系统修复可以检查用户电脑中多个关键位置是否处于正常的状态。这些关键位置包括浏览器主页、"开始"菜单、桌面图标、文件夹、系统设置等。当出现异常时，使用系统修复功能，可以帮用户找出问题出现的原因并修复问题。此外系统修复功能还可以帮用户查找操作系统、Office 办公软件、Flash 播放软件中的漏洞，并自动下载和安装补丁文件，始终让电脑处于安全状态。图 3-6 是 360 安全卫士正在修复系统漏洞。

图 3 - 6　系统修复

4. 电脑清理

电脑清理功能也是 360 安全卫士的一项特色功能,比 Windows 自带的系统清理功能要强大得多,可以用来清除各类垃圾文件。所谓垃圾文件,指系统工作时所过滤加载出的剩余数据文件,虽然每个垃圾文件所占系统资源并不多,但是有一定时间没有清理时,垃圾文件会越来越多。垃圾文件长时间堆积会拖慢电脑的运行速度和上网速度,浪费硬盘空间。此外电脑清理功能还可以清理上网产生的各类 cookie 文件和使用痕迹,有效保护了用户的隐私安全。操作时勾选需要清理的垃圾文件种类并点击"开始扫描"。如果不清楚哪些文件该清理,哪些文件不该清理,可点击"推荐选择",让 360 安全卫士来做合理的选择。图 3 - 7 是清理的工作界面。

5. 优化加速

优化加速功能可以全面优化系统设置,提升计算机的开机速度和运行效率,改善操作体验。具体是通过优化开机自启动项目、优化系统设置和内存设置、优化网络设置、整理磁盘碎片、设置磁盘缓存等方法实现。这样用户无须掌握复杂的专业知识就能借助 360 安全卫士提供的这一功能完成系统优化工作。图 3 - 8 是优化加速功能的界面展示。

图 3 - 7 电脑清理

图 3 - 8 优化加速

6. 电脑救援

针对在计算机使用过程中遇到的各种技术问题,在电脑救援功能界面上,可以查询到对应的解决方案。这些问题涵盖了硬件安装、软件维护、系统配置、网络使用、软硬件故障等各个方面。此时 360 安全卫士变身为一个巨大的资料库,几乎所有的问题都可以在这里找到答案。图 3 - 9 为电脑救援的功能界面。

图 3-9　电脑救援

7. 手机助手

360 手机助手是 Android 智能手机的资源获取平台，提供海量的游戏、软件、音乐、小说、视频、图片，通过它可以轻松下载、安装、管理手机资源。所有提供的信息资源，全部经过 360 安全检测中心的审核认证，确保没有病毒。手机助手的工作界面如图 3-10 所示。

图 3-10　手机助手

8. 软件管家

在软件管家聚合了众多安全优质的软件,用户可以方便、安全地下载。用软件管家下载软件不必担心"被下载"的问题。如果下载的软件中带有插件,软件管家会提示用户,更不需要担心下载木马病毒等恶意程序。同时,软件管家还为用户提供了"开机加速"和"卸载软件"的便捷入口,如图 3-11 所示。

图 3-11　软件管家

第 3 节　杀毒软件的使用

杀毒软件,也称反病毒软件或防毒软件,是用于消除电脑病毒、特洛伊木马和恶意软件等威胁计算机的一类软件。杀毒软件通常集成监控识别、病毒扫描清除和自动升级等功能,有的杀毒软件还带有数据恢复等功能,是计算机防御系统(包含杀毒软件、防火墙、特洛伊木马和其他恶意软件的查杀程序、入侵预防系统等)的重要组成部分。

反病毒软件的任务是实时监控和扫描磁盘。部分反病毒软件通过在系统添加驱动程序的方式进驻系统,并且随操作系统启动。大部分杀毒软件还具有防火墙功能。反病毒软件的实时监控方式因软件而异。有的反病毒软件是通过在内存里划分一部分空间,将电脑里流过内存的数据与反病毒软件自身所带的病毒库(包含病毒定义)的特征码相比较,以判断是否为病毒。另一些反病毒软件则在所划分的内存空间里面,虚拟执行系统或用户提交的程序,根据其行为或结果做出判断。

目前比较流行的杀毒软件有卡巴斯基、瑞星、360 杀毒等,下面以 360 杀毒软件为例介绍杀毒软件的安装与使用方法。

3.3.1　360 杀毒软件简介

　　360 杀毒是国内第一款永久免费的杀毒软件,无须激活码即可使用,功能比肩收费的同类产品。360 杀毒有完整的病毒防护体系,为电脑提供全面保护,采用领先的病毒查杀引擎及云安全技术,不但能查杀数百万种已知病毒,还能有效防御最新病毒的入侵。360 杀毒能够实时升级病毒库,让用户及时拥有最新的病毒清除能力。360 杀毒有优化的系统设计,对系统运行速度的影响极小,独有的"游戏模式"还会在用户玩游戏时自动采用免打扰方式运行,让用户拥有更流畅的游戏乐趣。

3.3.2　安装 360 杀毒软件

　　要安装 360 杀毒,首先请通过 360 杀毒官方网站下载最新版本的 360 杀毒安装程序。双击运行下载好的安装包,弹出 360 杀毒安装向导。在这一步可以点击"浏览"按钮以选择用户自己的安装路径,当然按照默认设置也可,如图 3-12 所示。

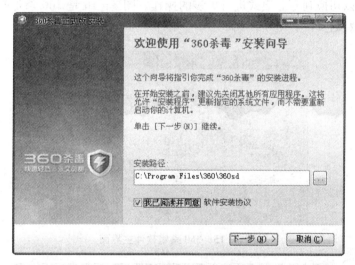

图 3-12　安装 360 杀毒软件初始界面

　　接下来开始安装,如图 3-13 所示。杀毒软件安装完成后,如果此时电脑中没有 360 安全卫士,会弹出推荐安装卫士的弹窗,参看图 3-14。在在这里推荐同时安装 360 安全卫士以获得更全面的保护。

图 3-13　安装过程

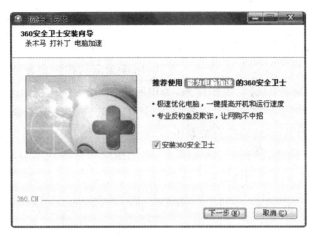

图3-14 安装卫士弹窗

安装完成之后用户就可以看到360杀毒软件的主界面,如图3-15所示。点击右下角提示的地方,可以切换到专业模式进行更多的操作。图3-16是360杀毒软件正在进行系统扫描,找出可疑的文件。

图3-15 360杀毒软件主界面

图3-16 进行系统扫描

3.3.3　升级病毒库

360 杀毒具有自动升级功能,如果用户开启了自动升级功能,360 杀毒会在有升级可用时自动下载并安装升级文件,自动升级完成后会通过气泡窗口提示。

360 杀毒默认不安装本地引擎病毒库,如果用户想使用本地引擎,请点击主界面右上角的"设置",打开图 3-17 所示的设置界面后,点击"多引擎设置",然后勾选常规反病毒引擎查杀和防护,用户可以根据自己的喜好选择 BitDefender 或 Avira 常规查杀引擎,选择好了之后点"确定"按钮。

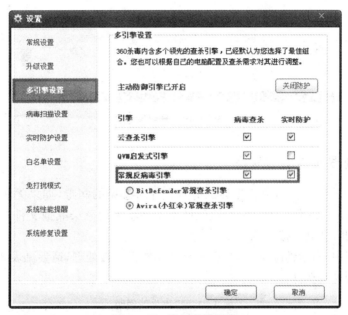

图 3-17　选择杀毒引擎

设置好了之后回到主界面,点击"产品升级"标签,然后点击"检查更新"按钮进行更新,如图 3-18 所示。升级程序会连接服务器检查是否有可用更新,如果有的话就会下载并安装升级文件。

图 3-18　产品升级

升级完成后会在图 3-19 所示的界面中进行提示。

图 3-19 升级完成

3.3.4 处理扫描出的病毒

360 杀毒扫描到病毒后,会首先尝试清除文件所感染的病毒,如果无法清除,则会提示用户删除感染病毒的文件。木马和间谍软件由于并不采用感染其他文件的形式,其自身即为恶意软件,因此,会被直接删除。

在处理过程中,由于情况不同,会有些感染文件无法被处理,请参见表 3-1 中的说明采用其他方法处理这些文件。

表 3-1 操作失败说明

错误类型	原因	建议操作
清除失败 (压缩文件)	由于感染病毒的文件存在于 360 杀毒无法处理的压缩文档中,因此,无法对其中的文件进行病毒清除。360 杀毒对于 RAR、CAB、MSI 及系统备份卷类型的压缩文档目前暂时无法支持	请用户使用针对该类型压缩文档的相关软件将压缩文档解压到一个目录下,然后使用 360 杀毒对该目录下的文件进行扫描及清除,完成后使用相关软件重新压缩成一个压缩文档
清除失败 (密码保护)	对于有密码保护的文件,360 杀毒无法将其打开进行病毒清理	请去除文件的保护密码,然后使用 360 杀毒进行扫描及清除。如果文件不重要,用户也可直接删除该文件
清除失败 (正被使用)	文件正在被其他应用程序使用,360 杀毒无法清除其中的病毒	请退出使用该文件的应用程序,然后使用 360 杀毒重新对其进行扫描清除
删除失败 (压缩文件)	由于感染病毒的文件存在于 360 杀毒无法处理的压缩文档中,因此,无法对其中的文件进行删除	请使用针对该类型压缩文档的相关软件将压缩文档中的病毒文件删除
删除失败 (正被使用)	文件正在被其他应用程序使用,360 杀毒无法删除	请退出使用该文件的应用程序,然后手工删除该文件

（续表）

错误类型	原因	建议操作
备份失败（文件太大）	由于文件太大,超出了文件恢复区的大小,文件无法被备份到文件恢复区	请删除用户系统盘上的无用程序和数据,增加可用磁盘空间,然后再次尝试。如果文件不重要,也可选择删除文件,不进行备份

表 3-2 列出 360 杀毒扫描完成后显示的恶意软件名称及其含义,供读者参考。

表 3-2　几种异常程序的说明

名称	说明
病毒程序	病毒是指通过复制自身感染其他正常文件的恶意程序,被感染的文件可以通过清除病毒后恢复正常,也有部分被感染的文件无法进行清除,此时建议删除该文件,重新安装应用程序
木马程序	木马是一种伪装成正常文件的恶意软件,通常通过隐蔽的手段获得运行权限,然后盗窃用户的隐私信息或进行其他恶意行为
盗号木马	这是一种以盗取在线游戏、银行、信用卡等账号为主要目的的木马程序
广告软件	广告软件通常用于通过弹窗或打开浏览器页面向用户显示广告,此外,它还会监测用户的广告浏览行为,从而弹出更"相关"的广告。广告软件通常捆绑在免费软件中,在安装免费软件时一起安装
蠕虫病毒	蠕虫病毒是指通过网络将自身复制到网络中其他计算机上的恶意程序,有别于普通病毒,蠕虫病毒通常并不感染计算机上的其他程序,而是窃取其他计算机上的机密信息
后门程序	后门程序是指在用户不知情的情况下远程连接到用户计算机,并获取操作权限的程序
可疑程序	可疑程序是指由第三方安装并具有潜在风险的程序。虽然程序本身无害,但是经验表明,此类程序比正常程序具有更大的可能性被用作恶意目的,常见的有 HTTP 及 SOCKS 代理、远程管理程序等。此类程序通常可在用户不知情的情况下安装,并且在安装后会完全对用户隐藏
恶意程序	其他不宜归类为以上类别的恶意软件,会被归类到"恶意程序"类别

第 4 节　电脑常见故障的排除方法

目前计算机在运行过程中最常见的故障包括开机黑屏、异常死机、无故重启、突然蓝屏等现象,我们需要分析导致这些故障现象的原因,并进一步给出解决问题的思路。

3.4.1　开机故障

具体来说,开机故障包括开机没有显示、开机报警、自检死机、不能进系统等几种症状。

1. 开机黑屏(无显示)(可以借助于开机报警声和诊断卡判断)

可能的原因有:

(1) 显示器断电,可能因为显示器数据线接触不良,检查开关是否打开。

(2) 电源问题(检查电源风扇是否在转,CPU 风扇是否在转)。

（3）内存（灰尘，接触不良，如是接触不良，用橡皮擦擦一下，重插）。

（4）显卡（灰尘，接触不良，损坏）。

（5）CPU（温度过高，超频，接触不良或损坏）。

（6）主板（灰尘，接触不良，短路，电容损坏，兼容性问题，BIOS 受损，如是 BIOS 受损，清除 BIOS 设置）。

2．开机无法通过自检

（1）如果内存自检失败，更换内存。

（2）如果提示未检测到键盘，请连接键盘到主机。

3．开机无法进入系统

接通电源并打开主机开关后，电源指示灯亮，硬盘指示灯同时闪烁，则说明主机已经正常启动。如果无法进入操作系统的桌面环境，可以重新开机按 F8 键尝试是否能够进入 Windows 系统的安全模式。

（1）可以进安全模式的话说明系统本身没问题，可能是用户安装了什么异常软件或者驱动冲突造成的。

（2）若连安全模式都进不了，建议重装系统。

（3）如果提示缺少某些系统文件或者某些文件损坏，可以通过系统恢复光盘修复，或者从别的机器拷贝文件，或者开机按 F8 选择最后一次正确配置。

（4）有些启动故障是因为非法卸载软件造成的。正确的卸载方法：

➤ 用软件自带的卸载工具卸载；

➤ "开始"→"设置"→"控制面板"→"添加删除程序"；

➤ 借助第三方卸载工具。

3.4.2　死机故障

下面讨论一下 Windows 系统中常见的几种死机现象。

一、在使用中死机

导致这种情况的原因比较多，总体上可以从软件和硬件两方面去考虑。

1．软件原因

（1）运行某些特定应用程序软件时出现死机现象：造成这种故障的原因大致有三种可能，一是应用程序软件被病毒感染，再就是应用程序软件本身存在 bug，还有就是应用程序软件与操作系统之间存在冲突。

解决方法：杀毒、安装升级版本。

（2）资源不足造成电脑死机：在使用过程中打开应用程序软件过多，占用了大量的系统资源（比如 Photoshop），导致在使用过程中出现系统资源不足的现象，因此，在使用比较大型的应用软件时，尽量少打开与本应用程序无关的软件。另外硬盘剩余空间太少或者是碎片太多也可能导致这种结果。由于一些应用程序运行需要大量的内存，这样就需要虚拟内存，因此，硬盘要有足够的剩余空间才能满足虚拟内存的需求，要养成定期整理硬盘的好习惯。

（3）卸载软件时误删文件：在卸载一些应用程序软件时往往会出现对某些文件是否删除的提示，如果用户不是特别清楚该文件与其他文件有无关系的话，最好不要将其删除，否则可能造成运行某些应用程序因缺少某些文件而出现死机现象,甚至于造成整个系统崩溃。

注意:由于软件原因导致的死机大部分是假死机。此时鼠标键盘均无任何反应,但应用程序还没有正常退出,一直占用着系统资源,结束应用程序只有实施强制手段,即同时按住Ctrl、Alt 和 Del 键,结束任务即可。

2. 硬件原因

(1) 硬件超频造成运行中的死机:超频后电脑能够启动,说明超频是成功的,那么为什么在运行的时候会出现死机的情况呢? 这一般是由于超频后硬件产生大量的热量无法及时地散发而造成死机,所以超频后电脑能够启动但在使用过程中会死机。

解决方法:散热装置进行合理的改善或者取消超频。注意:即便不超频,如果散热不好,也会出现这个问题。

(2) 电源方面:是由于电源输出电压或当地市电不稳定造成的。

另外计算机硬件的配置太低、内存速度不匹配、中断设置造成硬件之间的冲突、各种驱动程序不相匹配等也可能造成在运行中死机的现象(死机现象:鼠标可以移动,点击无反应),但现在已经较为少见。

(3) 内存条的松动或者接触不良。

(4) 硬盘坏道(经常格式化,不正常关机)导致死机:专用的工具软件检查恢复,严重的只能换硬盘。

(5) 软硬件不兼容(3D 等特殊软件)导致死机。

(6) 硬件资源冲突:在安全模式下(开机按 F8 进入安全模式)右击"我的电脑"→"管理"→"设备管理器"中进行调整或更改为最新的驱动程序。(一般是声卡、显卡)

二、退出操作系统时死机

Windows 如果不能彻底关机,就会把磁盘缓冲区里的数据写到硬盘上,这就会进入一个死循环,产生这种情况的原因主要是 Windows 的系统或某些驱动程序设置不当,解决方法通常都是从"控制面板"中进入"系统",再打开"设备管理器",查看一下是否存在有问题的硬件设备(在名称前有一个黄色的问号)

3.4.3 电脑重启故障

总的来说,导致该故障的原因同样有软件原因和硬件原因这两种。

1. 软件

(1)病毒破坏。

(2)系统文件损坏。

(3)定时软件或计划任务软件起作用。

2. 硬件

(1) 电脑使用环境中的交流电压不稳。

(2) 插排或电源插座的质量差,接触不良。

(3) 计算机电源的功率不足或性能差。

(4) CPU 问题。CPU 内部部分功能电路损坏,二级缓存损坏时,计算机也能启动,甚至还会进入正常的桌面进行正常操作,但当进行某一特殊功能时就会重启或死机。

(5) 内存问题(极为常见,需要重点关注)。内存条上如果某个芯片不完全损坏时,很有可能会通过自检,但是在运行时就会因为内存发热量大,导致功能失效而意外重启。多数时候内存损坏时开机会报警,但有时候内存损坏后并不报警。

(6)光驱问题。光驱内部损坏时,也会导致主机启动缓慢或不能通过自检,也可能是在工作过程中突然重启。

(7)接入网卡或并口、串口、USB接口接入外部设备时自动重启。这一般是因为外设有故障,比如打印机的并口损坏,某一脚对地短路,USB设备损坏对地短路,网卡做工不标准等。

(8)散热不良或测温失灵。

(9)风扇测速失灵。

当CPU风扇的测速电路损坏或测速线间歇性断路时,因为主板检测不到风扇的转速就会误以为风扇停转而自动关机或重启。

3.4.4 使用中蓝屏

蓝屏故障和其他故障一样,根据成因大致可以分为软件和硬件两个方面。现在还是遵循先软后硬的原则来看看故障的成因和解决办法。

一、软件引起的蓝屏故障

常见的有:系统、驱动、病毒。

1. 重要文件损坏或丢失引起的蓝屏故障(包括病毒所致)

解决方法一:通过系统安装光盘恢复或者直接拷贝损坏丢失的文件。

解决方法二:用杀毒软件杀毒。有的病毒可能会破坏注册表项,杀毒后注册表应恢复中毒之前的备份。

2. 注册表损坏导致文件指向错误所引起的蓝屏

实例:注册表的擅自改动(包括人为改动和软件安装时的自动替换),其现象表现为开机或是在调用程序时出现蓝屏,并且屏幕有出错信息显示(包含出错的文件名)。

解决方法一:恢复备份注册表。在DOS提示符下,键入"SCANREG\RESTORE"后回车,可以将注册表恢复到最近一次启动计算机时的状态。

解决方法二:删除键值。记下出错的文件名,通过REGEDIT命令进入注册表,"查找"中输入刚才的文件名,把查到的键值删除即可。注意在删除键值之前不要忘记备份注册表。

3. 系统资源耗尽引起的蓝屏故障

实例:蓝屏故障常常发生在进行一项比较大的工作或是在保存复制的时候,且往往发生得比较突然。这类故障的发生原因主要与三个堆资源(系统资源、用户资源、GDI资源)的占用情况有关。

解决方法:减少不必要的程序加载,避免同时运行大程序(图形、声音和视频软件),例如,加载计划任务程序、输入法和声音指示器、声卡的DOS驱动程序、系统监视器程序等等。

4. DirectX问题引起的蓝屏故障

实例:DirectX版本过低或是过高;游戏与它不兼容或是不支持;辅助重要文件丢失;显卡对它不支持。

解决方法:升级或是重装DirectX。如果是显卡不支持高版本的DirectX,那就说明显卡实在是太老了,尝试更新显卡的BIOS和驱动程序,否则,只能考虑在硬件上升级显卡。

5. 驱动程序不完善

解决方法：更新驱动程序。

二、硬件引起的蓝屏故障

常见的有：散热、灰尘、内存、显卡、兼容、硬件冲突。

1. 内存超频或不稳定造成的蓝屏

实例：随机性蓝屏。

解决方法：先用正常频率运行，若还有问题，找一根好的内存条进行故障的替换查找，一般可以解决。再就是应当注意当 CPU 离内存很近时内存的散热问题。

2. 硬件的兼容性不好引起的蓝屏

兼容机好就好在它的性价比较高，坏就坏在它在进行组装的时候，由于用户没有完善的监测手段和相应的知识，无法进行一系列的兼容性测试，从而把隐患留在了以后的使用过程中。

实例：升级内存时，将不同规格的内存条混插引起的故障。

解决方法：注意内存条的生产厂家、内存颗粒和批号的差异，往往就是因为各内存条主要参数不同而出现蓝屏或死机，甚至更严重的内存故障，也可以换一下内存条所插的插槽位置。如果内存条还是不能正常工作，那就只好更换了。此处，提醒读者：内存在整个计算机系统中起着非常重要的作用，它的好坏将直接影响到系统的稳定性，所以在内存的选购时要注意，要购买正品内存条。

3. 硬件散热引起的"蓝屏"故障

实例：在电脑的散热问题上所出现的故障，往往都有一定规律，一般在计算机运行一段时间后才出现，表现为蓝屏死机或随意重启。故障原因主要是过热引起的数据读取和传输错误。

解决方法：采取超频的应降频，超温的应降温。其实不一定所有的故障都那么复杂，有时候从简单的方面考虑，也能很好地解决问题，要学会触类旁通。

4. 硬盘有物理坏道造成的蓝屏

解决方法：尝试屏蔽坏道或者更换硬盘。

5. 显卡超频造成的蓝屏

通常随机出现，特别容易出现在运行大型 3D 游戏或者播放高清电影的时候。

最后总结一下：死机故障和蓝屏故障的原因基本相同，即不能正常工作的软硬件有时候导致死机，有时候导致蓝屏，在有的机器上表现为死机，而在另外一些机器上表现为蓝屏。

第四章　指法训练与中文输入

使用计算机进行数据处理时,如何快速、准确地输入字符是每个用户迫切关心的问题。本章首先介绍键盘,使用户对键盘布局有个清楚的认识,然后对键盘的击键指法、手指分工及身体的坐姿逐一介绍,最后对"金山打字通 2013"软件的使用做一个简要介绍。

第 1 节　认识键盘分区及各个键位

目前台式机的标准键盘主要有 104 键和 107 键,104 键盘又称 Win95 键盘,107 键盘又称为 Win98 键盘。107 键盘比 104 键盘在右上方多了三个电源管理键:睡眠、唤醒、开机。

104 键的标准键盘按照各键的功能,可将键盘分为五个键位区:主键盘区、功能键区、编辑键区、数字键区、指示灯区,如图 4-1 所示。

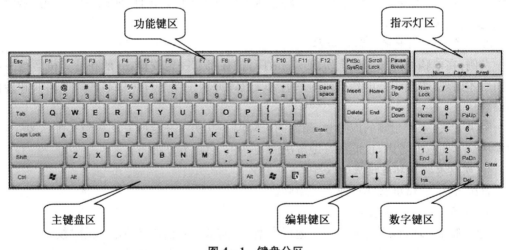

图 4-1　键盘分区

4.1.1　主键盘区

它是键盘的主要部分,包括 26 个英文字母[A]～[Z]键,10 个数字键及控制键。主键盘区如图 4-2 所示。

图 4-2　主键盘区

其中控制键布局如图 4-3 所示。

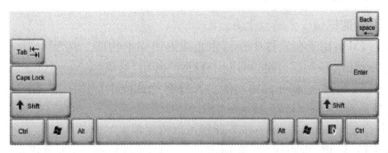

图 4-3　控制键

➢ 空格键：当按下此键时，输入一个空格，光标后移一个字符位。

➢ 回车键[Enter]：在文字编辑时使用这个键，可将当前光标移至下一行首。

➢ 控制键[Ctrl]：这个键不能单独起作用，总是与其他键配合使用，如按[Ctrl]＋[Alt]＋[Del]组合键可以热启动计算机。

➢ 转换键[Alt]：它也不能单独起作用，总是和其他键配合使用。例如，在 Windows 启动界面状态下按[Alt]＋[F4]组合键可以关闭计算机。

➢ 空格键：位于两个[Alt]键之间，通常无任何标识，是键盘上最长的一个键，主要用于输入空格，使光标右移。也可在输入法程序中起"确定"的作用，即将输入法程序中显示的字输入到屏幕上光标所在位置。也可与其他控制键组合成快捷键，例如，[Ctrl]＋空格键可以切换输入法的全角/半角。

➢ 退格键[Backspace]：用它可以删除当前光标前的字符，同时将光标左移一个位置。

➢ 跳格键[Tab]：又称制表定位键，在表格中可以分段定位光标，每次光标右移 8 列。

➢ 换档键[Shift]：上档键，也叫字符换档键。当输入双字符键的小档字符时，例如，输入"％"，应按住该键不放，再按所需字符键，即可输入该键的上档字符；在大写状态下按[Shift]键和字母键，可输入小写字母；在小写状态下按[Shift]键和字母键，可输入大写字母。

➢ 大写字母锁定键[Caps Lock]：字母键大小写状态转换的开关。启动计算机后，字母键默认为小写输入状态，若按下该键则转换为大写输入状态，这是一个"奇偶数开关键"，再按一次该键，又转为小写输入状态。

大写锁定键和上档键都能够把小写字母转换成大写字母，其实还有差别：大写锁定键有锁定功能,只要按下一次,以后再按任何字母键,就都是大写的;上档键则没有锁定功能,在小写状态下只有按住不放,才能输入大写字母,一放开,就只能输入小写字母。所以两者有这样的分工:当需要连续输入大写字母时,就按下大写锁定键;只需要输入一两个大写字母时,就按上档键,进行临时性的大小写切换。

➤ [Windows]键:是位于键盘左下角[Ctrl]键和[Alt]键之间的按键,图案是 Microsoft Windows 的视窗标志。单独按下时,可以打开 Windows 的"开始"菜单,也可以与键盘等输入设备上的按键配合使用,从而执行一些功能。例如,按下[Windows]+[D]组合键,可将当前所有窗口最小化,以便查看桌面,再次按下此组合键,将会使刚刚最小化的窗口又全部恢复;按下[Windows]+[L]组合键,立即切换用户的窗口。

4.1.2　功能键区

➤ 功能键:功能键位于主键盘上方。
➤ 取消键[Esc]:用于在软件中强行中止或退出当前功能。在 Windows 操作系统中,按下[Ctrl]+[Esc]组合键,可以快速打开"开始"菜单。
➤ [F1]~[F12]键:它们的具体功能由操作系统或应用程序来定义,一般[F1]键作为帮助键。
➤ 屏幕打印键[Print Screen]:按下此键可以将屏幕上的全部内容存入剪贴板。
➤ [Scroll Lock]键:也叫作"滚屏锁定键"。在 DOS 状态下,按该键可使屏幕停止滚动,再次按下即可解除锁定。在 Windows 操作系统中,[Scroll Lock]键的作用越来越小。
➤ [Pause/Break]键:又称为"暂停键",可终止某些程序的执行,例如,按下[Ctrl]+[Pause/Break]组合键,可以中断程序的循环。

4.1.3　编辑键区

➤ 插入键[Insert]:用来转换插入和改写状态。
➤ 删除键[Delete]:用来删除当前光标位置的字符。当一个字符被删除后,光标右侧的所有字符被左移一个位置。
➤ [Home]键:按此键时光标移到本行的行首。
➤ [End]键:按此键时光标移到本行中最后一个字符的右侧。
➤ [PgUp]和[PgDn]键:上翻一页和下翻一页。
➤ 光标移动键:当分别按下[→]、[←]、[↑]、[↓]键时,光标将分别按箭头所指方向移动一个位置。

4.1.4　数字键区

数字键区位于键盘右部,俗称小键盘,包括锁定键、数字键、小数点和加、减、乘、除、[Enter]键。当数字锁定键[Num Lock]被锁定时,小键盘用来输入数字或四则运算符号,便于输入大量的数据;当数字锁定键放开时,小键盘和编辑键区功能相同。

第 2 节 掌握键盘正确的操作姿势

键盘正确的操作姿势：

① 面对键盘坐下,身体的重心放在椅子和脚上,稍稍直腰和挺胸。

② 手臂提起,两肘轻轻地靠贴在腋旁并成为手臂的支撑点。

③ 手腕自然地轻放在键盘上,手指微微弯曲,轻放在[A]、[S]、[D]、[F]和[J]、[K]、[L]、[;]键上,右手的拇指轻放在空格键上。

④ 保持手腕轻松和自然的状态,并带有一点手背向里翻的感觉。

键盘正确的操作姿势如图 4 - 4 所示。

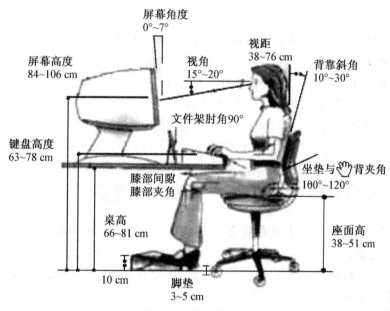

图 4 - 4 键盘操作姿势

第 3 节 掌握键盘正确的操作指法

在键盘输入的基础训练中,除基准键排上的 8 个键要求在击键后,手指仍放原位以外,击其他各键后,都要将手指放回原基准键上,初学者经过多次击键和回放动作后,才能够正确、熟练地掌握基准键位与各手指所管理的范围的其他各键之间的距离。明白了主键盘区内各键的功能,还要知道哪个手指管哪几个键。一开始学习,就严格按照标准指法进行练习,以后方才能够做到运用自如,高速盲打。

计算机的主键盘一共有五排键,中间一排称为“原位键”基准键,打字时,两手的手指除拇指外都“悬放”(即轻微接触而不按下)在这排键的上面,击完了上下两排的“范围键”,立刻回到原位键。主键盘左、右半边的原位键中,[F]和[J]键称为中心键,此键的键面凹度比别的键要略深一些,或者键面下方有一条小小的横杠,或者有一个凸出的圆点,以便在盲打时一摸就可以摸到。这个中心键,就分配给最灵活的食指。正确的指法如图 4 - 5 所示。

图 4-5　指法图

1. 基准键位

如图 4-5 所示,共有 8 个键。

操作步骤:

(1) 手指停放于基准键位之上。左手食指为[F]键,中指为[D]键,无名指为[S]键,小手指为[A]键;右手食指为[J]键,中指为[K]键,无名指为[L]键,小手指为[;]键,拇指为空格键。

(2) 每个手指分管按键,各司其职。左手食指分管[4][R][F][V][5][T][G][B]八个键,右手食指分管[7][U][J][M][6][Y][H][N]八个键,左手中指分管[3][E][D][C]四个键,右手中指分管[8][I][K][,]四个键,左手无名指分管[2][W][S][X]四个键,右手无名指分管[9][O][L][.]四个键,左手小手指分管[1][Q][A][Z]四个键和周边各控制键,右手小手指分管[0][P][;][/]四个键和周边各控制键。

(3) 按键时,只有击键的手指才伸出去击键,击完后立即回到基准键位,其他手指不要偏离基准键位。

(4) 练习盲打操作,击键时,两眼看文稿,绝对不要看键盘。精神高度集中,手指处于基本键位,凭直觉击键。

(5) 按键时,垂直地轻击键盘,干脆利落,逐渐培养节奏感,如同弹钢琴一般。

2. 键盘指法分区

手指分工是根据十指的灵活程度,将主键盘区的键位合理地分配给 10 个手指,让每个手指都有自己的击键范围。除了大拇指负责空格键外,其余 8 个手指都被划分了一个键位区域,每个手指管辖的区域如图 4-6 所示。

图 4-6　十指键位分工

第4节 指法练习

4.4.1 利用"记事本"练习

选择"开始"→"程序"→"附件"→"记事本"命令,在打开的"记事本"程序中按照下面的顺序反复进行练习。

注意:一定要严格按照规定的指法打字。

(1)基本键位练习,输入下列英文字母:

asdf jkl；jkl；asdf asdf jkl；ads sad fds fdsa gas gfdsa hjkl lkjh had 'gas gas' "hkl；"；"glass all"。

(2)食指离位练习,输入下列英文字母:

drug drug；ally ally；salt salt；shut shut；start start；dual dual；dusk dusk；duty duty；flag flag；just just；lady lady；last last；gray gray；gulf gulf；halt halt；talk talk；thus thus；that that；sugar sugar；laugh laugh；hurry hurry；not not；run run；fun fun；gun gun；job job；value value；via via；bus bus；buy buy；rub rub；but but；bad bad。

(3)中指离位练习,输入下列英文字母:

came came；she she；hers hers；he he；did did；aid aid；die die；dig dig；due due；her her；fit fit；his his；its its，key key；let let；deal deal；else else；head head；less less；real real；ride ride；they they；this this；yard yard；ahead ahead；like like；arise arise；aside aside；large large；right right；shift shift；net net；met met；back back；cake cake；call call；cent cent；coin coin；cold cold；cure cure；such such。

(4)无名指离位练习,输入下列英文字母:

next next；test test；ago ago；for for；got got；off off；out out；who who；why why；way way；also also；does does；door door；drop drop；flow flow；food food；fool fool；four four；good good；help help；wait wait；wake wake；wall wall；weak weak；wear wear；well well；wide wide；wife wife；will will；wish wish；taxi taxi；exit exit；text text；test test。

(5)小指离位练习,输入下列英文字母:

path path；please please；question question；quite quite；quote quote；quick quick；pay pay；peak peak；zero zero；zip zip；zone zone；size size；what what；whose whose；where where；when when；why why；shell shell；have have；had had；can can；could could；dose dose；do do；have have；are are；was was。

(6)输入第一排数字键:

`1 2 3 4 5 6 7 8 9 0 — =

按下大写锁定键,再输入第一排数字键,屏幕显示依然是:

`1 2 3 4 5 6 7 8 9 0 — =

按下上档键,再输入第一排数字键,屏幕显示就是:

~！@ # $ % ^ & * ( ) _ +

（7）输入下列符号，各符号之间加 1 个空格，共输入 10 行：

‘ “ ，；．：？＼ ～！＠＃％ ^ ＆ ＊（）｛｝［］〈〉＋－／＝

（8）输入下列英文短文：

> "Would you like tea or coffee?" Meals are frequently asked questions, many westerners will choose coffee, and the Chinese will choose tea, according to legend, a Chinese emperor discovered tea five thousand years ago, and used to heal, in the Ming and Qing dynasties, tea houses all over the country, tea drinking spread to Japan in the 6th century and spread to Europe and the United States, but it was not until the 18th century today, tea is one of the most popular beverage in the world, tea is the treasure of China. It's also an important part of Chinese tradition and culture.

> The way managers address AIDS in the workplace will determine whether their companies survive the first decade of the 21st century, says Deane Moore, an actuary（保险统计家） for South Africa's Metropolitan Life insurance company. Moore estimates that in South Africa there will be 580,000 new AIDS cases a year and a life expectancy of just 38 by 2010. "We'll be back to the Middle Ages", says Drysdale, whose hospital is in one of the areas in South Africa with the highest rates of HIV infection. "The graph is heading toward the vertical. And yet people are still not taking it seriously."
>
> The surging rate of AIDS and the drop in life expectancy have already helped drag down South Africa 13 Places to 101 out of the 174 countries on the United Nations Development Programme's survey of living standards. The UNDP noted that, at current infection rates, South Africa could lose about 20% of its workforce to AIDS within the next six or seven years.
>
> Many companies in South Africa are already losing 3% of their workforce to the disease, says Alan Whiteside, director of health, economics and HIV/AIDS research at the University of Natal. There are 2.2 million AIDS orphans in southern Africa, he said at a World Economic Forum conference in Durban earlier this month. "In south Africa we talked of a lost generation because of apartheid, but our next lost generation will be due to children orphaned by AIDS. Levels of HIV infection at antenatal（出生前的） clinics are truly horrendous", says Whiteside—they're now 22.8%. Even more serious is the rapid increase in the disease among girls aged 15 to 19, a trend indicating that AIDS prevention programs are having little effect.

4.4.2　利用"金山打字通 2013"打字软件练习

金山打字通是金山公司推出的教育系列软件，是一款功能齐全、数据丰富、界面友好的集打字练习和测试于一体的打字软件。使用该软件练习盲打，会收到事半功倍的效果，让用户在不知不觉中熟练指法，熟记键位。

　　启动"金山打字通 2013"软件，主界面如图 4 - 7 所示，其功能包括"新手入门"、"英文打字"、"拼音打字"、"五笔打字"。系统会主动提示从"新手入门"开始练习，也可以直接进入"英文打字"等进行练习。

图 4 - 7　"金山打字通"界面

　　（1）启动"金山打字通 2013"软件，在如图 4 - 7 所示的主界面上单击"新手入门"，分别进入"打字常识"、"字母键位"、"数字键位"及"符号键位"页面，进行学习并完成答题。

　　（2）在主界面上单击"英文打字"，出现如图 4 - 8 所示的英文打字界面，分别进入"单词练习"和"语句练习"，熟练后进入"文章练习"界面进行练习。

图 4 - 8　英文打字界面

（3）在如图 4 - 9 所示的"单词练习"界面上，单击右上角"课程选择"右侧的下拉按钮，如图 4 - 10 所示，单击"添加"下拉列表框中的"单个添加"，在弹出的如图 4 - 11 所示的"课程编辑器"对话框中，将实验素材 ex1 文件夹中的文件 english1. txt 的内容粘贴到空白文本框中(或单击图 4 - 11 右上角的"导入 txt 文章"按钮，选择 ex1 中的文件 english1. txt)，然后在"课程名称"文本框中输入一个名字(这里输入"单词练习")，如图 4 - 11 所示。单击"保存"按钮，弹出"保存课程成功"对话框，然后选择添加的课程完成练习。

图 4 - 9 选择单词练习

图 4 - 10 添加英文素材

金山打字通-课程编辑器 ⊠

在以下空白区域输入课程内容，或直接将复制的内容右键粘贴（或Ctrl+V）到该区域 导入txt文章

"Would you like tea or coffee?" Meals are frequently asked questions, many westerners will choose coffee, and the Chinese will choose tea, according to legend, a Chinese emperor discovered tea in five thousand years ago, and used to heal, in the Ming and qing dynasties, tea houses all over the country, tea drinking spread to Japan in the 6th century and spread to Europe and the United States, but it was not until the 18th century today, tea is one of the most popular beverage in the world, tea is the treasure of China. It's also an important part of Chinese tradition and culture.

课程目录：英文打字 - 单词练习 课程名称：单词练习 保存

图 4 - 11 课程编辑器界面

第 5 节 中文输入练习

启动"金山打字通 2013"软件，在如图 4 - 7 所示的主界面上单击"拼音打字"，出现如图 4 - 12 所示的界面，分别进入"拼音输入法"、"音节练习"、"词组练习"、"文章练习"界面进行练习。

在如图 4 - 12 所示的"拼音打字"界面上，单击下面的"音节练习"按钮，在出现的如图 4 - 13 所示的音节练习界面上，首先选择右上角的"课程选择"右边的下拉按钮，如图 4 - 14 所示，选择练习哪一类的音节，然后进行练习。

图 4 - 12 拼音打字主界面

图 4-13 音节练习界面

图 4-14 音节练习课程选择界面

图 4-15 词组练习界面

在如图 4－13 所示的"拼音打字"界面上，单击上面的"词组练习"按钮，出现如图 4－15 所示的词组练习界面，进行词组的输入练习。

在如图 4－13 所示的"拼音打字"界面上，单击下面的"文章练习"按钮，出现如图 4－16 所示的文章练习界面，进行文章的输入练习。

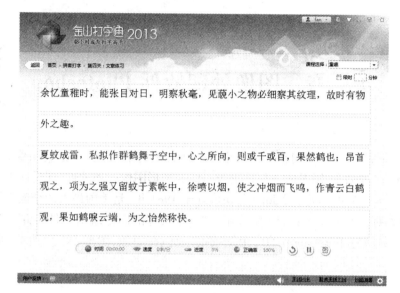

图 4－16　文章练习界面

作业：练习英文打字

第一组：asdfg hjkl；　ASDFG HJKL；

第二组：frvedcwsxqaz yujmn ik,edcwsxqazol. p;/　TRFBVYUJMNEDCIK,WSXOL. QAZP;/

第三组：abcdefghijklmnopqrstuvwxyz　ABCDEFGHIJKLMNOPQRSTUVWXYZ

第四组：加空 a b c d e f g h i j k l m n o p q r s t u v w x y z A B C D E F G H I J K L M N O P Q R S T U V W X Y Z

第五组：ABCD EFGH IJKL MNOP QRST UVWX YZ abcd efgh ijkl mnop qrst uvwx yz

第六组：加标点 a,b,c,d;e,f,g,h;i,j,k,l;m,n,o,p;,q,r,s,t;u,v,w,x;y,z. ab: a. b? f(u)"k"[e]q? p.

第七组：加数字 a1,b2,c3,d4,e5,f6,g7,h8,i9,j10

第八组：加符号 x＋y＝z　（a+b）－c＝9　♯120　＄567.8 99％ S&K

第二部分　多媒体应用

第一章　图像处理软件 Photoshop

扫一扫可见本章
参考资料

　　Photoshop 是 Adobe 公司旗下最为出名的图像处理软件之一,是集图像扫描、编辑修改、图像制作、广告创意、图像输入与输出于一体的图形图像处理软件,深受广大平面设计人员和电脑美术爱好者的喜爱。Adobe 公司成立于 1981 年,是美国最大的个人电脑软件公司之一。多数人对于 Photoshop 的了解仅限于"一个很好的图像编辑软件",并不知道它的诸多应用方面,实际上,Photoshop 的应用领域很广泛,在图像、图形、文字、视频、出版各方面都有涉及。

第 1 节　Photoshop 的发展历史

1.1.1　产生背景

　　Photoshop 的创始人是约翰和托马斯兄弟。他们的父亲是密歇根大学教授,同时也是一个摄影爱好者。托马斯和约翰深受父亲的影响,对摄影技术非常感兴趣,同时对当时刚刚兴起的个人电脑也很迷恋。

　　托马斯发现当时的苹果电脑无法显示带灰度的黑白图像,因此,他自己写了一个程序 Display;而他兄弟约翰这时在星球大战导演乔治·卢卡斯的电影特殊效果制作公司 Industry Light Magic 工作,对托马斯的程序很感兴趣。两兄弟在此后的一年多把 Display 不断修改为功能更为强大的图像编辑程序,经过多次改名后,在一个展会上他们接受一个参展观众建议把程序改名为 Photoshop。此时的 Display/Photoshop 已经有图层、色彩平衡、饱和度等调整。此外约翰写了一些程序,这些程序后来成为插件(Plug-in)的基础。

　　他们商业上第一次成功尝试是把 Photoshop 交给一个扫描仪公司搭配销售,名字叫作 Barneyscan XP,版本是 0.87。与此同时约翰继续在找其他买家,包括 SuperMac 和 Aldus 都没有成功,最终他们找到了 Adobe 公司的艺术总监。Adobe 在此时已经在研究是否考虑另外一家公司 Letraset 的 ColorStudio 图像编辑程序,看过 Photoshop 软件以后,Adobe 认为该软件更有前途。在 1988 年 7 月他们口头决定合作,而真正的法律合同到次年 4 月才完成。

1.1.2　最新版本

　　2013 年 6 月 17 日,Adobe 在 MAX 大会上推出了最新版本的 Photoshop CC(Creative

Cloud)。Adobe Photoshop CC 的新功能：

1. 相机防抖功

挽救用户因为相机抖动而失败的照片。不论模糊是由于慢速快门还是长焦距造成的，相机防抖功能都能通过分析曲线来恢复其清晰度。

2. Camera RAW 修复功能改进

用户可以将 Camera Raw 所做的编辑以滤镜方式应用到 Photoshop 内的任何图层或文档中，然后再随心所欲地加以美化。在最新的 Adobe Camera Raw 8 中，用户可以更加精确地修改图片，修正扭曲的透视，可以像画笔一样使用污点修复画笔工具在想要去除的图像区域绘制。

3. Camera Raw 径向滤镜

在最新的 Camera Raw 8 中，用户可以在图像上创建出圆形的径向滤镜。这个功能可以用来实现多种效果，就像所有的 Camera Raw 调整效果一样，都是无损调整。

4. Camera Raw 自动垂直功能

在 Camera Raw 8 中，用户可以利用自动垂直功能轻松地修复扭曲的透视，并且有很多选项来修复透视扭曲的照片。

第 2 节　Photoshop 功能简介

1. 平面设计

平面设计是 Photoshop 应用最为广泛的领域，无论是我们正在阅读的图书封面，还是大街上看到的招贴、海报，这些具有丰富图像的平面印刷品，基本上都需要 Photoshop 软件对图像进行处理。

2. 修复照片

Photoshop 具有强大的图像修饰功能。利用这些功能，可以快速修复一张破损的老照片，也可以修复人脸上的斑点等缺陷。

3. 广告摄影

广告摄影作为一种对视觉要求非常严格的工作，其最终成品往往要经过 Photoshop 的修改才能得到满意的效果。

4. 影像创意

影像创意是 Photoshop 的特长，通过 Photoshop 的处理可以将原本风马牛不相及的对象组合在一起，也可以使用"狸猫换太子"的手段使图像发生面目全非的巨大变化。

5. 艺术文字

当文字遇到 Photoshop 处理，就已经注定不再普通。利用 Photoshop 可以使文字发生各种各样的变化，并利用这些艺术化处理后的文字为图像增加效果。

6. 网页制作

网络的普及促使更多人需要掌握 Photoshop，因为制作网页时 Photoshop 是必不可少的网页图像处理软件。

7. 建筑效果图后期修饰

在制作建筑效果图包括许多三维场景时，人物与配景包括场景的颜色常常需要在

Photoshop 中增加并调整。

8. 绘画

由于 Photoshop 具有良好的绘画与调色功能,许多插画设计制作者往往使用铅笔绘制草稿,然后用 Photoshop 填色的方法来绘制插画。

除此之外,近些年来非常流行的像素画也多为设计师使用 Photoshop 创作的作品。

9. 绘制或处理三维贴图

在三维软件中,虽然能够制作出精良的模型,但无法为模型应用逼真的贴图,也无法得到较好的渲染效果。实际上在制作材质时,除了要依靠软件本身具有的材质功能外,利用 Photoshop 可以制作在三维软件中无法得到的合适的材质也非常重要。

10. 婚纱照片设计

当前多数婚纱影楼使用数码相机,这也使得婚纱照片的设计处理成为一个新兴的行业。

11. 视觉创意

视觉创意与设计是设计艺术的一个分支,此类设计通常没有非常明显的商业目的,但由于它为广大设计爱好者提供了广阔的设计空间,因此,越来越多的设计爱好者开始学习 Photoshop,并进行具有个人特色与风格的视觉创意。

12. 图标制作

虽然使用 Photoshop 制作图标在感觉上有些大材小用,但使用此软件制作的图标的确非常精美。

13. 界面设计

界面设计是一个新兴的领域,已经受到越来越多的软件企业及开发者的重视,虽然暂时还未成为一种全新的职业,但相信不久一定会出现专业的界面设计师职业。当前还没有用于做界面设计的专业软件,因此,绝大多数设计者使用的都是 Photoshop。

上述列出了 Photoshop 应用的十三大领域,但实际上其应用不止上述这些。例如,目前的影视后期制作及二维动画制作,Photoshop 也有应用。

第 3 节　Photoshop 工作界面简介

下面以 Photoshop CS3 版本为例,介绍软件的界面构成。如图 1−1 所示,工作界面主要由标题栏、菜单栏、工具箱、工具属性栏、控制面板、图像窗口和状态栏等组成。

1. 标题栏

标题栏位于 Photoshop CS3 工作界面的最上端,主要用于显示当前所使用的 Photoshop 的版本信息,其右侧与其他 Windows 平台上的软件一样,有最小化、还原和关闭按钮,用于调整或关闭工作界面。

2. 菜单栏

菜单栏一般位于标题栏的下方,是 Photoshop CS3 中各种应用命令的集合处,从左到右依次为文件、编辑、图像、图层、选择、滤镜、分析、视图、窗口和帮助等 10 个菜单。这些菜单下集合了上百个菜单命令,只需要了解每一个菜单中命令的特点,通过这些特点就能够掌握这些菜单命令的使用。

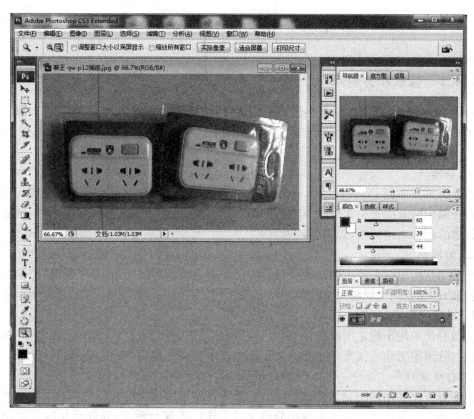

图 1 - 1 Photoshop 的工作界面

3. 工具箱

工具箱中集合了图像处理过程中使用最为频繁的工具,使用它们可以绘制图像、修饰图像、创建选区以及调整图像的显示比例等。它的默认位置位于工作界面的左侧,通过拖动其顶部可以将其放到工作界面上的任意位置。

4. 工具属性栏

在工具箱中选择某个工具后,菜单栏的下方就会显示一个对应的工具属性栏。工具属性栏中显示有当前工具对应的属性和参数,用户可以通过设置这些参数来调整工具的属性。

5. 控制面板

控制面板是在 Photoshop CS3 中进行选择颜色、编辑图层、新建通道、编辑路径和撤销编辑等操作的主要功能面板,也是工作界面中非常重要的一个组成部分。

6. 图像窗口

图像窗口是对图像进行浏览和编辑操作的主要场所,它占据了 Photoshop CS3 工作界面的主要部分。图像窗口的标题栏主要显示当前图像文件的文件名和文件格式、显示比例以及图像色彩模式等信息。

7. 状态栏

状态栏位于图像窗口的底部,最左端显示当前窗口的显示比例,在其中输入数值按回车键后可以改变图像的显示比例;中间部分显示当前图像文件的大小;右端显示当前所选工具及正在进行的操作的功能和作用等。

第4节 图像处理相关概念

1.4.1 像素和分辨率

Photoshop CS3 的图像是基本位图格式的,而位图图像的基本单位是像素,因此,在创建位图图像时必须为其指定分辨率的大小。图像的像素和分辨率均能体现图像的清晰程度。

一、像素

像素由英文单词 Pixel 翻译而来,它是构成图像的最小单位,是位图中的一个小方格。如果将一幅位图看成是由无数个点构成的话,每个点就是一个像素。同样大小的一幅图像,像素越多的图像就越清晰,效果就越逼真。

二、分辨率

分辨率是指单位长度上的像素数目。单位长度上像素越多,分辨率就越高,图像就越清晰,所需的存储空间也就越大。分辨率可分为图像分辨率、打印分辨率和屏幕分辨率等。

1. 图像分辨率

图像分辨率用于确定图像的像素数目,其单位有"像素/英寸"和"像素/厘米"。例如一幅图像的分辨率为 500 像素/英寸,就表示该图像中每英寸包含 500 个像素点。

2. 打印分辨率

打印分辨率又叫输出分辨率,指绘图仪、激光打印机输出设备在输出图像时每英寸所产生的墨点数。如果使用与打印机输出分辨率成正比的图像分辨率,就能产生较好的图像输出效果。

3. 屏幕分辨率

屏幕分辨率是指显示器上每单位长度显示的像素或点的数目,单位是"点/英寸",如 80 点/英寸表示显示器上每英寸包含 80 个点。屏幕分辨率的数值越大,图像显示就越清晰,普通显示器的典型分辨率约为 96 点/英寸。

1.4.2 图像色彩模式

在 Photoshop CS3 中,了解色彩模式的概念很重要。因为色彩模式决定显示和打印电子图像时采用的模型,即一幅电子图像用什么样的方式在计算机中显示或打印输出。

常用的色彩模式有 RGB 模式、CMYK 模式、HSB 模式、Lab 模式、灰度模式、索引模式、位图模式和多通道模式等。色彩模式除了确定图像中能显示的颜色数之外,还影响图像通道数和文件的大小,每个图像具有一个或多个通道,每个通道存放着图像中颜色元素的信息。

在图像处理过程中,有时需要根据实际情况将图像当前的色彩模式转换成另一种色彩模式。这样的操作只需要先选择"图像/模式"菜单命令,然后在弹出的子菜单中选择相应的模式命令即可。

1.4.3 位图与矢量图

计算机中的图形图像主要分为位图和矢量图两种类型。

1. 位图

位图也称为点阵图或像素图,由像素构成。如果此类图像放大到一定的程度,就会发现它是由一个个像素组成的。位图图像质量由分辨率决定,单位面积内的像素越多,分辨率越高,图像的质量也应越好。用于彩色印刷品的图像需要设置为 300 像素/英寸左右,印出的图像才不会缺少平滑的颜色过渡。

2. 矢量图

矢量图是由 CorelDRAW、AutoCAD 等图形软件产生的,它由一些用于数学方式描述的曲线组成,其基本组成单元是锚点和路径。无论放大或缩小多少倍,它的边缘都是平滑的,尤其适合于制作企业 LOGO 标志。矢量图占用的存储空间较小,但是色彩表现力逊于位图。

1.4.4　图像输入常用工具

图像的输入指将模拟量的图像素材通过数字化处理后存储起来。只有数字化后,图像才能在计算机中进行处理。常用的图像输入工具有扫描仪和数码相机。

1. 扫描仪

扫描仪是一种常用的图像输入工具,通过扫描仪获取图像是收集素材图像的一种常用方法。扫描仪在使用前应通过数据线连接到电脑上,然后在电脑中为其安装应用软件。不同的扫描仪使用不同的应用软件,所以扫描过程也不尽相同。

2. 数码相机

数码相机是目前较为流行的一种高效获取图像素材的工具,它具有数字化的存取功能,并可以与电脑进行数字信息交换。通过数码相机可以随心所欲地拍摄景物、实体等各种素材照片,然后直接输入到 Photoshop 中对其进行处理。

1.4.5　图像输出常用工具

图像的输出除了在计算机的显示器中显示输出外,常见的是通过打印机打印输出,用于图像输出的打印机常用的主要有喷墨打印机和激光打印机。

1. 喷墨打印机

喷墨打印机在工作时利用压电式技术或者热喷式技术,最终将墨盒中的墨水喷射到一个尽可能小的点上,而大量这样的点便形成了不同的图案和图像。

2. 激光打印机

无论是黑白激光打印机还是彩色激光打印机,其基本工作原理是相同的,它们都采用了类似复印机的静电照相技术,将打印内容转变为感光鼓上的以像素点为单位的点阵位图图像,再转印到打印纸上形成打印内容。

第 5 节　图像文件的常用操作

1.5.1　打开和新建图像

如果要在一个空白图像中绘制图像,应先在 Photoshop CS3 中新建一个图像文件;如果

要对已存在的照片或图像进行修改或处理,则需要先将其打开。

1．新建图像

新建图像是使用 Photoshop CS3 进行平面设计的第一步,类似于铺好绘图纸准备绘图一样。在 Photoshop CS3 中,新建图像的操作步骤如下:

步骤一　选择"文件/新建"菜单命令或 Ctrl+N 键,打开"新建"对话框。

步骤二　在"名称"文本框中输入新建图像的名称;在"宽度"和"高度"数值框中设置图像的尺寸;在"分辨率"数值框中设置图像的分辨率大小;在"颜色模式"列表框中设置图像的色彩模式;在"背景内容"列表框中选择图像显示的背景颜色。注意设置图像属性数值时所使用的单位。

步骤三　单击"确定"按钮。

2．打开图像

要打开已存在的图像,其操作步骤如下:

步骤一　选择"文件/打开"菜单命令或按 Ctrl+O 键,打开"打开"对话框。

步骤二　在打开的对话框中设置好要打开的图像所在的路径和文件类型,并选择要打开的图像文件。

步骤三　单击"打开"按钮,即可打开所选择的图像。

3．排列图像

Photoshop CS3 支持同时打开多个图像文件。当同时打开多个图像时,图像窗口会以层叠的方式显示,但这样不利于图像的查看和处理。此时可以通过排列操作来规范图像的呈现方式,以美化工作界面,方便编辑操作。

要同时打开多个图像文件,在"打开"对话框中选择打开的文件时需要同时选择全部打开的文件。如果是连续的多个文件,可先选择第一个文件,然后按住 Shift 键再选择最后一个文件即可。

如果选择的不是连续的文件,可先选择第一个文件,再按住 Ctrl 键选择其余的即可。

进行多个图像排列的方式除层叠外常用的有两种:一是水平平铺排列;二是垂直平铺排列。操作方法是:选择"窗口/排列"菜单命令,在下级子菜单中根据需要选择"水平平铺"或"垂直平铺"即可。

1.5.2　放大和缩小显示图像

如果编辑图像时,图像显示的大小并不合适,可以放大或缩小显示的图像,以方便操作。缩放图像可以通过状态栏、"导航器"控制面板和缩放工具来实现。

1．通过状态栏缩放图像

当新建或打开一个图像时,该图像所在的图像窗口底部状态栏下的左侧数值框中便会显示当前图像的显示百分比。当改变该数值并按回车键后就可以实现图像的缩放。

2．通过"导航器"控制面板缩放图像

新建或要打开一个图像时,工作界面的右侧的"导航器"控制面板就会显示当前图像的预览效果。左右拖动"导航器"控制面板底部滑条上的滑块,就可实现图像的缩小与放大显示。

3. 通过缩放工具缩放图像

通过工具箱中的缩放工具进行图像的放大与缩小是大部分用户所常用的方法,其操作步骤如下:

步骤一 在工作界面左侧的工具箱中选择缩放工具(外观为放大镜),此时鼠标形状呈放大镜状显示,内部还有一个"＋"。

步骤二 单击鼠标,图像会根据当前图像的显示大小进行放大。如果当前显示比例为100％,则每单击一次将放大一倍。

步骤三 按住 Alt 键或在菜单栏下的工具选项栏中选择"缩小镜"按钮,此时鼠标光标内部的"＋"就会变成"—",单击鼠标,图像将被缩小显示。

1.5.3 存储和关闭图像

图像处理完成后,需要保存对图像编辑的结果,则要用到存储图像功能;如果对图像操作结束了,则需要关闭图像。

1. 存储图像

要存储图像,只需选择"文件/存储为"菜单命令,打开"存储为"对话框,在"保存在"下拉列表框中设置好文件存储的路径,在"文件名"文本框中输入文件名,在"格式"下拉列表框中设置好文件存储的类型,然后单击"保存"按钮即可。

常用图像文件的格式有以下几种:

PSD。它是 Photoshop 特有的图像文件格式,可包括图层、通道、颜色模式等信息,文件的容量较大,文件存储时占用的空间较大。

BMP。它是一种与设备无关的图像文件格式,它是标准的 Windows 和 OS/2 的图像文件格式,可对图像进行无损压缩,最高可支持 24 位的颜色深度,色彩表现力较好,文件存储时占用的空间较大。

JPEG。它是一种有损的文件压缩格式,压缩率高,文件存储时占用的空间较小,一般用于图像的预览和 HTML 网页,目前数码相机通常用此格式存储照片。

GIF。由 CompServe 提供的一种图像格式,色彩模式为索引模式,支持 8 位的图像文件,压缩率极高,文件容量较小,广泛用于通信领域和 HTML 网页文档之中。

2. 关闭图像

图像处理完成后,应立即将其关闭,以免占用内存资源或遇忽然停电等意外情况造成对图像文件的损坏。关闭图像文件的方法有以下几种:

➢ 单击图像窗口标题栏中最右端的"关闭"按钮;

➢ 选择"文件/关闭"菜单命令;

➢ 按 Ctrl＋W 键;

➢ 按 Ctrl＋F4 键。

第 6 节 创建并编辑选区

选区是通过各种选区绘制工具在图像中提取的全部或部分图像区域,在图像中呈流动的蚂蚁爬行状显示。由于图像是由像素构成的,所以选区也是由像素组成的。像素是构成

图像的基本单位,不能再分,故选区至少包含一个像素。选区在图像处理时起着保护选区外图像的作用,约束各种操作只对选区内的图像有效,防止选区外的图像受到影响。

1.6.1　使用选框工具绘制选区

利用选框工具绘制选区是图像处理过程中使用最为频繁的方法,通过它们可绘制出规则的矩形或圆形选区。它们都位于工具箱中,分别为矩形选框工具、椭圆选框工具、单行选框工具和单列选框工具。

一、绘制矩形选区

在选框工具栏中选择其中一个工具,位于工作界面上部的工具属性栏的内容会发生相应的变化。

1.自由绘制矩形选区

所谓绘制自由矩形选区,是指在系统默认的参数设置下绘制具有任意长度和宽度的矩形选区,这是较为常用的一种做法。

2.绘制具有固定大小的矩形选区

通过矩形选框工具可以绘制具有固定长度和宽度的矩形选区,这在一些要求精确的平面设计作品中非常实用。在选框工具属性栏的"样式"下拉列表框中选择"固定大小"项,然后在其右侧的"宽度"和"高度"数值框中输入固定选区的"宽度"和"高度"值,再在图像窗口中单击即可完成固定大小选区的绘制。如果要绘制只有一个像素大小的选区,只需要在工具属性栏中将"宽度"和"高度"的数值设置为1px即可。

3.绘制具有长宽比的矩形选区

通过矩形选框工具可以绘制具有固定长度和宽度比的矩形选区。在选框工具属性栏的"样式"下拉列表框中选择"固定比例"项,然后在其右侧的"宽度"和"高度"数值框中输入固定长宽比选区的"宽度"和"高度"的比值,再在图像窗口中单击即可完成固定长宽比选区的绘制。

4.叠加选区的绘制

(1)选区的添加。添加选区是指将最近绘制的选区与已存在的选区进行相加计算,从而实现两个选区的合并。此项操作是通过点击选框工具属性栏中的"添加到选区按钮"实现的。

(2)选区的减去。选区的减去是指将最近绘制的选区与已存在的选区进行相减计算,最终得到的是原选区减去新选区后所得的选区。此项操作是通过点击选框工具属性栏中的"从选区减去按钮"实现的。

(3)选区的交叉。选区的交叉是指将最近绘制的选区与已存在的选区进行交叉计算,最终得到的是原选区与新选区共同拥有的选区。此项操作是通过点击选框工具属性栏中的"与选区交叉按钮"实现的。

(4)选区的羽化。选框工具属性栏中的"羽化"数值框用来控制选区边缘的柔和程度,它的值越大,所绘制的选区边缘就越柔和,能大大增强图像的艺术性,在平面设计中被广泛应用。

二、绘制椭圆选区

通过椭圆选框工具可以绘制椭圆或正圆选区(选择正圆选区时要同时按住 Shift 键)。

椭圆选框工具和矩形选框工具对应的工具属性栏完全一样，所以它们绘制选区的方法也是完全一样的。

椭圆选框工具属性栏和矩形选框工具属性栏中都有一个"消除锯齿"选择框，不过它只有在选择椭圆选框工具时才可以使用，其功能为用来软化边缘像素与背景像素之间的颜色转换，从而使选区的锯齿状边缘变得平滑。

三、绘制单行/单列选区

利用单行选框工具和单列选框工具可以方便地在图像中创建具有一个像素宽度的水平或垂直的选区，若想看到单行或单列选区的细节，必须放大后才能观察清楚。

1.6.2 使用套索工具绘制选区

利用选框工具只能绘制具有规则几何形状的选区，而在实际工作中需要的选区远不止这么简单，这时可以通过套索工具来创建各种复杂形状的选区。

一、绘制自由选区

通过套索工具就像使用画笔在图纸上任意绘制线条一样绘制自由选区。在图像窗口中单击并拖动鼠标以创建手绘的选区边框，释放鼠标后，起点和终点自动用直线连接起来，形成一个封闭的区域。如果按下 Alt 键，可以在图像窗口绘制具有直线边框的选区，此时的"套索工具"具有"多边形套索工具"的功能了。在绘制选区的过程中，按下 Delete 键，可以擦除刚刚绘制的部分。

二、绘制多边形选区

使用多边形套索工具可以将图像中不规则的直边对象从复杂的背景中选择出来。在绘制选区的过程中，按下 Alt 键并拖动鼠标，可绘制任意曲线，完成后释放 Alt 键可以接着绘制直线段。按下 Delete 键，可以擦除刚刚绘制的部分。

三、沿颜色边界绘制选区

使用磁性套索工具可以在图像中沿颜色边界捕捉像素，从而形成选择区域。当需要选择的图像与周围颜色具有较大的反差时，选择使用磁性套索工具是一个很好的办法。使用磁性套索工具绘制选区的操作步骤如下：

步骤一 在工具箱中选择磁性套索工具，并在图像中颜色反差较大的地方单击确定选区的起点。

步骤二 沿着颜色的边缘慢慢移动鼠标，系统会自动捕捉图像中对比度较大的颜色边界并产生定位点，最后移动到起始点处，单击即完成选区绘制。

1.6.3 使用魔棒工具绘制选区

如果想快速地在图像中根据图像颜色来绘制出选区，通过工具箱中的魔棒工具或快速选择工具可以较容易地完成任务。

一、使用魔棒工具绘制选区

使用魔棒工具可以根据图像中相似的颜色来绘制选区，只需在图像中的某个点单击，图像中与单击处颜色相似的区域就会自动进入绘制的选区内。其操作分两个步骤，一是打开图像，选择魔棒工具；二是单击要选择的区域，与该区域颜色一致的区域就会被自动选中。

二、使用快速选择工具绘制选区

快速选择工具是 Photoshop CS3 新增加的一个选择工具,可以将其看成魔棒工具的精简版,特别适合在具有强烈颜色反差的图像中绘制选区。其操作分两个步骤,一是打开图像,挑选快速选择工具;二是单击要选择的区域,在不释放鼠标的情况下继续沿要绘制的区域拖动鼠标,直至得到需要的选区为止。

1.6.4　使用"色彩范围"命令绘制选区

使用"色彩范围"命令绘制选区与使用魔棒工具绘制选区的工作原理一样,都是根据指定的颜色采样点来选取相似的颜色区域,只是它的功能比魔棒工具更加全面一些。

1.6.5　选区的修改与变换

绘制完选区后,如果觉得选区还不能达到要求,此时可通过修改和变换选区进行再加工处理。

一、选区的修改

选区的修改就是对已存在的选区进行扩展、收缩、平滑和增加边界等操作。

1. 扩展选区

扩展选区就是将当前选区按设定的像素值向外扩充。选择"选择/修改/扩展"菜单命令,在打开的"扩展选区"对话框的"扩展量"数值框中输入扩展值,然后单击"确定"按钮即可。

2. 收缩选区

收缩选区是扩展选区的逆操作,即选区向内进行收缩,选择"选择/修改/收缩"菜单命令,在打开的"收缩选区"对话框的"收缩量"数值框中输入收缩值,然后单击"确定"按钮即可。

3. 平滑选区

平滑选区用于消除选区边缘的锯齿,使选区边界变得平滑。选择"选择/修改/平滑"菜单命令,在打开的"平滑选区"对话框的"取样半径"数值框中输入平滑值,然后单击"确定"按钮即可。

4. 增加选区边界

增加边界用于在选区边界处向外增加一条边界。选择"选择/修改/边界"菜单命令,在打开的"边界选区"对话框的"宽度"数值框中输入相应的数值,然后单击"确定"按钮即可。

二、选区的变换

变换选区是指对已存在的选区进行外形上的改变。其操作步骤如下:

步骤一　确保图像中存在选区,选择"选择/变换选区"菜单命令,使选区进入变换状态,此时选区周围会出现一个带控制点的变换框;

步骤二　单击鼠标右键,在弹出的快捷菜单中选择一种变换命令;

步骤三　拖动变换框或控制点改变选区外部形状;

步骤四　按回车键确认变换。

只要选区进入变换状态,将鼠标移到变换框或变换点附近,指针便会变成不同的形式,这时拖动即可实现选区的放大、缩小和旋转等。如果只需对选区进行某种变换,这时可通过选择快捷菜单中的对应变换命令进行操作。

第 7 节　工具箱中其他工具的使用

1.7.1　画笔工具

工具箱中提供的画笔工具是图像处理过程中使用较频繁的绘制工具,常用来绘制边缘较为柔软的线条,其效果类似于毛笔画出的线条,也可以绘制特殊形状的线条效果。使用画笔工具绘图的实质就是使用某种颜色在图像中填充颜色,在填充过程中不但可以不断调整画笔笔头的大小,还可以控制填充颜色的透明度、流量和模式。

使用画笔工具可以创建柔和的彩色线条,使用此工具前必须先选取好前景色和背景色。选择画笔工具通过工具箱中的绘图工具组来选择。选择画笔工具后,在工具选项属性栏可以设置画笔的类型、模式、透明度和流量等参数。

1. 画笔工具的查看与选择

Photoshop CS3 内置了多种画笔样式,通过"画笔"面板可以方便地查看并载入其他画笔样式。选择"窗口/画笔"菜单命令或按 F5 键,或先选择工具箱中的画笔工具,然后单击工具属性栏中的"画笔"按钮,即可打开画笔面板。

画笔预览列表框中列出了 Photoshop CS3 默认的画笔样式,用户可以根据个人爱好或工作需要设置符合自己要求的预览方式。

2. 画笔样式的设置与应用

Photoshop CS3 中预置了多种画笔样式,当系统内置的画笔样式不能满足绘图需要时,可以通过编辑或创建新的画笔样式来完成。以下以绘制邮票边缘的锯齿边为例来说明画笔样式的设置与应用,其操作步骤如下:

步骤一　打开"邮票"图像;

步骤二　设置前景色为白色,选择画笔工具,按 F5 键打开"画笔"控制面板,然后在"画笔笔尖形状"选项下设置画笔的"直径"数值为 13px,"间距"数值为 145%;

步骤三　将鼠标指针移到"邮票"图像的右上角,按住 Shift 键垂直往下拖动绘制;

步骤四　继续在图像的左侧边缘按住 Shift 键沿垂直方向绘制;

步骤五　将鼠标指针分别移动到图像顶部和底部边缘,然后沿水平方向进行绘制,绘制完成后最终得到邮票。

1.7.2　形状工具

在图像处理或平面设计过程中,常常要用到一些基本的图形,如音乐符号、人物、动物和植物等。如果使用画笔工具来绘制,往往需要花费大量的时间。如果使用 Photoshop CS3 提供的形状工具就可以快速、准确地绘制出来,达到事半功倍的效果。

Photoshop CS3 自带了多达 6 种的形状绘制工具,包括矩形工具、圆角矩形工具、椭圆工具、多边形工具、直线工具和自定义形状工具等。

1. 矩形工具

使用矩形工具可以绘制任意具有固定长宽的矩形形状,并且可以为绘制后的形状添加

一种特殊样式。

（1）绘图方式选择区：在此单击"形状图层"按钮，可以在绘制图形的同时创建一个形状图层，形状图层包括图层缩略图和矢量蒙板两部分；单击"路径"按钮时可以直接绘制路径；单击"填充像素"按钮时，可以在图像中绘制图像，如同使用画笔工具在图像中填充颜色一样。

（2）工具选择区：在此列出了所有可以绘制形状、路径和图像的工具，只需快捷地在此单击即可进行工具的切换。

（3）工具选项按钮：单击工具选择区右侧的三角形按钮，可以弹出当前工具的选项调板，在调板中可以设置绘制具有固定大小和比例的矩形，如同使用形选框工具绘制具有固定大小和比例的矩形选区一样。

（4）绘图模式区：该区中的各个按钮与选区工具对应工具属性栏中的各个按钮含义相同，可以实现形状的合并、相减或交叉等运算。

（5）绘图样式：用来为绘制的形状选择一种特殊样式，单击右侧的三角形按钮，在弹出的样式调板中选择一种样式即可。

2．圆角矩形工具

使用圆角矩形工具可以绘制具有圆角的矩形形状，其工具属性栏与矩形工具相似，只是增加了一个"半径"文本框，用于设置圆角矩形的圆角半径的大小。

3．椭圆工具

使用椭圆工具可以绘制椭圆和正圆（绘制的同时按住 Shift 键）形状，它与矩形工具对应的工具属性栏中的参数设置相同，只是在选项调板中少了"对齐像素"复选框。

4．多边形工具

使用多边形工具可以绘制具有不同边数的多边形形状。

（1）边：在此输入数值，可以确定多边形的边数或星形的顶角数。

（2）半径：用来定义星形或多边形的半径。

（3）平滑拐角：选择该复选框后，所绘制的星形或多边形具有圆滑形拐角。

（4）星形：选择该复选框后，即可绘制星形形状。

（5）缩进边依据：用来定义星形的缩进量。

（6）平滑缩进：选中该复选框后，所绘制的星形将尽量保持平滑。

5．直线工具

使用直线工具可以绘制具有不同线型的直线，还可以根据需要为直线增加单向或双向的箭头。

（1）起点/终点：如果要绘制箭头，则应选中对应的复选框。选中"起点"复选框，表示箭头产生于直线的起点；选中"终点"复选框，则表示箭头产生在直线的末端。

（2）宽度/长度：用于设置箭头的比例。

（3）凹度：用来定义箭头的尖锐程度。

6．自定义形状工具

使用自定义工具可以绘制系统自带的不同形状，也可以自己创作一定形状的图形，通过"编辑/定义自定形状"保存到自定义形状库中。使用自定义工具可以大大简化用户绘制复杂形状的难度。

1.7.3　移动工具

通过工具箱中的移动工具或"编辑"菜单中的相关命令可以方便地实现图像的移动和复制，这些操作不但可以针对图像整体，也可针对局部区域。

1.7.4　擦除工具

Photoshop CS3 提供的图像擦除工具有橡皮擦工具、背景橡皮擦工具和魔术橡皮擦工具，用于实际不同的擦除功能。

1. 使用橡皮擦工具擦除图像

使用橡皮擦工具即可以擦除图像中不需要的图像，也可擦除图像中的部分像素，以使其呈透明状。

2. 使用背景橡皮擦工具擦除图像

使用背景橡皮擦工具可以擦除图像中指定的颜色，与橡皮擦工具的使用方法完全一样，只是在擦除时会不断地吸取涂抹经过地方的颜色作为背景色。

3. 使用魔术橡皮擦工具擦除图像

使用魔术橡皮擦工具可以快速擦除选择区域内图像，使用方法同魔棒工具一样，只是魔棒工具仅创建选区。

1.7.5　裁剪工具

当仅需要获取图像的一部分时，就可以使用裁剪工具来快速实现多余部分图像的删除。使用此工具在图像中拖动绘制一个矩形区域，矩形区域内代表裁剪后图像保留的部分，矩形区域外的部分将被删除。

1.7.6　图章工具

图章工具组由仿制图章工具和图案图章工具组成，可以使用颜色或图案填充图像或选区，以复制和替换图像。

1. 使用仿制图章工具修饰图像

使用仿制图章工具可以将图像复制到其他位置或是不同的图像中。

2. 使用图案图章工具修饰图像

使用图案图章工具可以将 Photoshop CS3 自带的图案或自定义的图案填充到图像中，就相当于使用画笔工具绘制图案一样。

1.7.7　修复工具

修复工具组可以将取样点的像素信息非常自然地复制到图像的其他区域，并保持图像的色相、饱和度、亮度以及纹理等属性，是一组快捷高效的图像修饰工具。

1. 使用污点修复工具修饰图像

污点修复工具主要用于快速修复图像中的斑点或小块杂物等。

2. 使用修复画笔工具修饰图像

使用修复画笔工具可以用图像中与被修复区域相似的颜色去修复破损的图像，其使用

方法与仿制图章工具完全一样。

3. 使用修补工具修饰图像

修补工具是一种使用较为频繁的修复工具,其工作原理与修复工具一样,只是像套索工具一样绘制一个自由选区,然后通过将该区域内的图像拖动到目标位置,从而完成对目标处图像的修复处理。

4. 使用红眼工具修饰图像

利用红眼工具可以快速去除照片中由于闪光灯引发的红色、白色或绿色反光斑点。该操作非常简单,只要选择红眼工具,然后将鼠标光标移动到人物眼睛中的红斑处单击,这样就能去除该处的红眼。

1.7.8　模糊工具

模糊工具组由模糊工具、锐化工具和涂抹工具组成,用于降低或增强图像的对比度和饱和度,从而使图像变得模糊或更清晰,甚至还可以产生色彩流动的效果。

1. 使用模糊工具修饰图像

使用模糊工具通过降低图像中相邻像素之间的对比度,从而使图像产生模糊的效果。

2. 使用锐化工具修饰图像

锐化工具的作用与模糊工具刚好相反,它能使模糊的图像变得清晰,常用于增加图像的细节表现。

在旧照片翻新的时候,经常用到锐化工具,使其变得更加清晰。

3. 使用涂抹工具修饰图像

涂抹工具的使用效果是以起始点的颜色逐渐与鼠标推动方向的颜色相混合扩散而形成的,其工具属性选项栏与模糊工具的相似,只是多了一个手指绘画的选项。

1.7.9　减淡工具

减淡工具组由减淡工具、加深工具和海绵工具组成,用于调整图像的亮度和饱和度。

1. 使用减淡工具修饰图像

使用减淡工具可以快速增加图像中特定区域的亮度。

2. 使用加深工具修饰图像

使用加深工具可以改变图像特定区域的曝光度,使图像变暗,它是减淡工具的逆操作。

3. 使用海绵工具修饰图像

海绵工具用于加深或降低图像的饱和度,产生像海绵吸水一样的效果,从而为图像增加或减少光泽感。

1.7.10　文字工具

1. 文字输入

要输入文字,首先要认识输入文字的工具。右击工具箱中的 T 字形工具,将显示出如图 1-2 所示的下拉列表工具组,其中各按钮的作用如下:

（1）横排文字工具:在图像文件中创建水平文字,

图 1-2　文字工具面板

且在图层面板中建立新的文字图层；

（2）直排文字工具：在图像文件中创建垂直文字，且在图层面板中建立新的文字图层；

（3）横排文字蒙版工具：在图像文件中创建水平文字形状的选区，但在图层面板中不建立新的图层；

（4）直排文字蒙版工具：在图像文件中创建垂直文字形状的选区，但在图层面板中不建立新的图层。

文字工具组中各工具对应的工具属性栏中的选项参数非常相似。

（1）更改文本方向：单击此按钮，可以将选择的水平方向的文字转换为垂直方向，或将选择的垂直方向的文字转换成水平方向；

（2）字体：设置文字的字体，单击右侧的下拉按钮，可以在弹出的下拉列表框中选择所需的字体；

（3）字型：设置文字使用的字体形态，但只有选中某些具有该属性的字体后，该下拉列表框才能激活；

（4）字体大小：设置文字的大小，单击右侧的下拉按钮，在弹出的下拉列表框中可选择所需的字体大小，也可直接在该文本框中输入字体大小的值；

（5）消除锯齿：设置消除文字锯齿功能，提供了"无"、"锐利"、"明晰"、"强"和"平滑"5个选项；

（6）对齐方式：设置段落文字排列（左对齐、居中和右对齐）的方式，当文字为竖排时，3个按钮功能变为顶对齐、居中和底对齐；

（7）文本颜色：设置文字的颜色，单击可以打开"拾色器"对话框，从中选择字体的颜色；

（8）变形文本：创建变形文字；

（9）字符和段落调板：单击该图标，可以显示或隐藏"字符"和"段落"调板，用于调整文字格式和段落格式。

2. 文本的编辑

作为一个非专业性的排版软件，Photoshop CS3 仍提供了强大的的文本格式功能，通过文本格式的设置，可以轻松地使文字更具艺术美感。

（1）设置字符属性。文字工具属性栏中只包含了部分字符属性控制参数，而"字符"面板则集成了所有的参数控制，不但可以设置文字的字体、字号、样式、颜色，还可以设置字符间距、垂直缩放、水平缩放，以及是否加粗、加下划线、加上标等。单击工具属性栏中的"字符和段落调板"按钮，可打开"字符"面板。

（2）设置段落属性。文字的段落属性包括设置文字的对齐方式、缩进方式等，除了可以通过前面所知的文字属性工具栏进行设置外，还可以通过段落面板来设置。

（3）编辑变形文字。Photoshop CS3 在文字工具属性栏中提供一个文字变形工具，通过它可以将选择的文字改变成多种变形样式，从而大大提高文字的艺术效果。文本输入完成后，单击属性栏中的文字变形按钮，将打开"变形文字"对话框，通过此对话框就可以将文字编辑成各式各样的变形效果。

第8节　图层概念

图层是 Photoshop 的核心功能之一，有了它才能随心所欲地对图像进行编辑与修饰，没有图层则很难通过 Photoshop 处理出优秀的作品。

使用图层可以在不影响图像中其他图素的情况下处理某一图素，可以将图层想象成是一张张叠起来的醋酸纸。如果图层上没有图像，就可以一直看到底下的图层。通过更改图层的顺序和属性，可以改变图像的合成。另外，调整图层、填充图层和图层样式这样的特殊功能可用于创建复杂效果。

当新建一个图像文件时，系统会自动在新建的图像窗口中生成一个图层，这时用户就可以使用绘图工具在图层上进行绘图。由此可以看出，图层是用来装载各种各样图像的，它是图像的载体，没有图层，图像是不存在的。

图层具有两个特点：一是一个完整的图像是由各个层自上而下叠放在一起组合成的，最上层的图像将遮住下层同一位置的图像，而在透明区域可以看到下层的图像；二是每个图层上的内容是分别独立的，很方便进行分层编辑，并可为图层设置不同的混合模式及透明度。

图层的具体操作，由于篇幅限制，不再详细介绍。

第9节　Photoshop 操作实例

上述章节介绍了 Photoshop 的发展史、若干基本概念、文件操作、工具箱工具的使用。若读者对该软件有着浓厚的兴趣，可以借助相关技术书籍、各类学习网站、慕课视频教程进行更加深入与系统的学习，包括图层操作、路径、滤镜、文字特效、蒙板、历史记录等知识点。下面以一个具体实例，简要介绍一下 Photoshop 的操作步骤。

该实例是将某张照片中灰暗的天空修改成蓝天白云的背景。操作步骤如下：

步骤一　打开学校北广场原文件和蓝天白云资料图像，如图 1-3 和 1-4 所示。

图 1-3　素材文件一

图 1-4　素材文件二

步骤二　设定前景色为白色,选择线性渐变工具,渐变样本选择前景到透明,在蓝天白云图像上自下往上产生渐变。

步骤三　利用快速选择工具在北广场原文件上选择天空部分区域,然后选择"选择"→"反向"菜单命令,选择天空外部分选区。

步骤四　复制选中的选区,并粘贴到渐变处理后的蓝天白云图像上。

步骤五　在工具箱中选择"移动工具"选项,调整粘贴上去的选区图像至合适位置为止,最终实现蓝天白云背景下学院北广场风景照的效果,如图 1-5 所示,实例中的彩图可扫本章开始处二维码浏览。

图 1-5　最终效果图

第二章　平面动画制作软件 Flash

　　Flash 软件是由 Adobe 公司开发的网页动画制作软件，功能强大、易学易用，深受网页制作爱好者和动画设计人员的喜爱，已经成为这一领域最流行的软件。Flash 这个专业名词有两层含义，其一是一种交互式矢量多媒体技术以及用这种技术制作出来的动画作品。其二是用来设计开发 Flash 作品的制作软件。下面分别进行介绍。

第 1 节　Flash 动画技术

2.1.1　Flash 技术概述

　　Flash 是一种交互式矢量多媒体技术，它的前身是 Future Splash，是早期网上流行的矢量动画插件。后来由于 Macromedia 公司收购了 Future Splash 以后便将其改名为 Flash。现在网上已经有成千上万个 Flash 站点，可以说 Flash 已经渐渐成为交互式矢量的标准，是目前网页使用的主流技术之一。在这些网站的网页中，包含大量矢量 Flash 动画文件。Flash 使用向量运算的方式，产生出来的影片占用的存储空间较小。使用 Flash 技术创作出的动画影片有自己的特殊格式（swf）。目前全世界所有的主流网络浏览器都支持 Flash 文件。

2.1.2　Flash 技术的应用领域

　　在现阶段，Flash 应用的领域主要有以下几个方面：

1. 网页动画

　　用 Flash 制作的动画因为在线播放时候使用了流式技术（即文件下载到一定进程便可以播放）而适用于互联网上的传输。目前，完全使用 Flash 建立的网站已经很多。但是利用 Flash 建立网站需要很高的界面维护能力和整站的架构能力，所以目前国内只有少部分网站建设者才掌握了这项技术。Flash 网站具有全面的控制、无缝的导向连接跳转、丰富的媒体内容等优点，所以 Flash 建站的前景非常广阔。除了选用 Flash 建站外，Flash 在网页动画的应用上还表现在制作网站片头、导航条、banner 广告、展示产品上。

　　（1）片头：都说人靠衣装，其实网站也一样。精美的片头动画，可以大大提升网站的含金量。片头就如电视的栏目片头一样，可以在很短的时间内把自己的整体信息传播给访问者，既可以给访问者留下深刻的印象，同时也能在访问者心中建立良好形象。

　　（2）广告：这是最近两年开始流行的一种形式。有了 Flash，广告在网络上发布才成为了可能，而且发展势头迅猛。根据调查资料显示，国外的很多企业都愿意采用 Flash 制作广告，因为它既可以在网络上发布，同时也可以存为视频格式在传统的电视台播放。一次制作，多平台发布，所以必将会得到越来越多企业的青睐。

（3）产品展示：由于 Flash 有强大的交互功能，所以一些大公司都喜欢利用它来展示产品。可以通过方向键选择产品，再控制观看产品的功能、外观等，互动的展示比传统的展示方式更胜一筹。

（4）导航条：Flash 的按钮功能非常强大，是制作菜单的首选。通过鼠标的各种动作，可以实现动画、声音等多媒体效果，在美化网页和网站的工作中效果显著。

2. 娱乐短片

这是当前国内最火爆，也是广大 Flash 爱好者最热衷的一个领域，就是利用 Flash 制作动画短片，供大家娱乐。这是一个发展潜力很大的领域，也是一个 Flash 爱好者展现自我的平台。

3. Flash 游戏

Flash 动画软件是目前制作网络交互动画最优秀的软件之一，它不但全面支持动画、声音，而且具有强大的媒体编辑功能和交互功能。利用 Flash 开发"迷你"小游戏以及中型游戏，在国外一些大公司比较流行，他们把网络广告和网络游戏结合起来，让观众参与其中，大大增强了广告效果。目前，我国大多数小游戏以及中型网页游戏均是使用 Flash 开发制作的。

4. MTV

这也是一种应用比较广泛的形式。在一些 Flash 制作的网站，几乎每周都有新的 MTV 作品产生，给人以更多的感官体验。在国内，用 Flash 制作 MTV 也开始有了商业应用。

5. 教学课件

用 Flash 制作的教学课件，不仅可以将教学内容用动画、声音的文件展现出来，还可以实现交互的选择性，这无疑大大增强了学生的主动性和积极性。

6. 电子贺卡

目前，用 Flash 制作的电子贺卡代替了以前的文本以及静态电子贺卡，在各大网站上广泛流行，我们经常见到的有 qq 邮箱里面的电子贺卡。

7. 应用程序开发的界面

传统的应用程序的界面都是静止的图片，由于任何支持 ActiveX 的程序设计系统都可以使用 Flash 动画，所以越来越多的应用程序界面应用了 Flash 动画，如金山词霸的安装界面。

8. 开发网络应用程序

目前 Flash 已经大大增强了网络功能，可以直接通过 XML 读取数据，又加强了与 Cold Fusion、ASP、JSP 和 Generator 的整合，所以用 Flash 开发网络应用程序肯定会越来越广泛地被采用。

第 2 节　Flash 动画制作软件

Flash 制作软件是由 Macromedia 公司（后被 Adobe 公司收购）开发的动画编辑制作工具，可用于交互网站、交互数字体验和高冲击力的移动内容的创作。该动画制作软件功能强大、易学易用、深受网页制作爱好者和动画设计人员的喜爱，已经成为这一领域最流行的软件。

2.2.1 Flash 软件的功能

Flash 制作软件总体来说有三个功能,具体是:

(1) 绘图功能。Flash 制作软件可以完成矢量图形绘制与编辑、特殊字形处理等方面的工作。

(2) 动画功能。利用 Flash 软件提供的动画工具可以制作出漂亮的动画。

(3) 编程功能。使用内置的脚本语言制作 Flash 交互式动画,可以实现人机交互。

这三部分功能是相对独立的,在工作中通常分开进行。例如,由美工人员完成绘图及部分多媒体的制作,由编程人员完成互动行为的编写,由制作人员进行最后的加工制作。

2.2.2 Flash CS3 的特点

1. 使用矢量图形

计算机的图形显示方式有矢量图和位图两种,在 Flash 软件上绘制的图形是矢量图。与位图相比,矢量图的最大优点在于,经任意放大或缩小不会影响图形质量。同时,文件所占用的存储空间非常小,较小的文件数据量特别适合在网络中传输。

2. 支持导入音频、视频

在 Flash 中可以使用 MP3 等多种格式的音频素材,还提供了功能强大的视频导入功能,并支持从外部调用视频文件。

3. 采用流式播放技术,拥有强大的网络传播能力

Flash 的影片文件采用流式下载,即它的影片文件可以一边下载一边播放,从而可以节省浏览时间。

4. 交互性强,能更好地满足用户的需要

运用 Flash 内置的动作脚本,不仅可以制作炫目的效果,还可以让动画浏览者参与互动。通过其强大的交互功能,不仅为网页设计和动画制作提供了无限的创作空间,从商业的角度来说,还可以制作一流的商业演出动画或广告,使企业的产品发布得到较传统广告模式更好的效果。

2.2.3 Flash 动画制作的基本步骤

优秀的 Flash 动画需要经过很多的制作环节,每个环节都直接影响到作品的最终品质。其制作过程大致可分为以下几个步骤:

1. 动画策划

制作动画之前,应先明确制作动画的目的。明确制作目的之后,就可以对整个动画进行策划,包括动画的剧情、动画分镜头的表现手法和动画片段的衔接等。

2. 收集素材

收集素材是完成动画策划之后的一项很重要的工作,素材的好坏决定着作品的优劣。因此,在收集时应注意有针对性、有目的性地收集素材,最主要的是应根据动画策划时所拟定好的素材类型进行收集。

3. 制作动画

把收集的动画素材按动画策划方案实现动画,是动画制作的关键一步,在制作过程中应

该保持严谨的态度,认真对待每一个小的细节,这样才能使整个动画的质量得到统一,得到高质量的动画。

4. 调试动画

完成动画制作的初稿之后,要进行调试。调试动画主要是对动画的各个细节、动画片段的衔接、声音与动画之间的协调等进行局部的调整,使整个动画看起来更加流畅,在一定程度上保证动画作品的最终品质。

5. 测试动画

Flash 动画制作完成后,常常需要对其进行测试:Flash 动画是否按照设计思路产生了预期的效果;Flash 动画的体积是否处于最小状态,能不能更小一些;在网络环境下,是否能正常地下载和观看动画。

6. 发布动画

当 Flash 动画制作完成之后,需要将其发布为独立的作品以供他人欣赏。在发布之前,用户要对动画的生成格式、画面品质和声音效果等进行设置,这将最终影响动画文件的格式、文件大小以及动画在网络中的传输速率等。

2.2.4 Flash 软件的界面构成

Flash 制作软件(以 CS3 版本为例)默认的工作界面包括菜单栏、时间轴、工具箱、舞台、属性面板、面板组等部分,如图 2-1 所示。

(1) 菜单栏:提供各种命令集,如"文件"菜单中提供了对文件操作的命令,"修改"菜单中提供了对对象操作的命令。

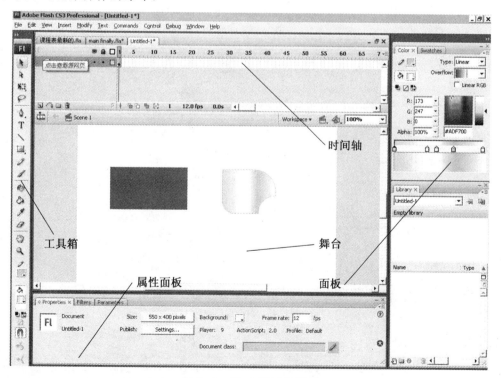

图 2-1 Flash 的工作界面

（2）时间轴：时间轴用于组织和控制影片内容在一定时间内播放的层数和帧数。

（3）工具箱：用户可以使用工具箱里的工具进行绘图、选取、喷涂、修改及编排文字等操作。

（4）舞台：舞台就是设计者进行动画创作的区域，设计者可以在 CS3 舞台中进行动画创作，其中包括直接绘制插图，也可以在舞台中导入需要的插图、媒体文件等。

（5）属性面板：可以显示当前工具、元件、帧等对象的属性和参数，在属性面板中可对当前对象的一些属性和参数进行修改。

（6）面板组：Flash CS3 包括多种面板，分别提供不同功能，如颜色面板提供色彩选择等。

第三章　视频制作与处理

视频是计算机及网络系统中携带信息最丰富、表现能力最强的一种媒体元素。它是由一幅一幅独立的画面(帧)序列组成,这些帧以一定的速率在显示屏幕上播放,由于人眼对光线的感觉滞留性,观看者能感受到影响的连续运动。视频信息能使观看者更逼真地接近真实世界,它是目前信息表达的最好方式。本章将介绍视频制作与处理的软件:会声会影 VideoStudio Pro 和 Premiere 软件以及其操作。

第 1 节　会声会影 VideoStudio

3.1.1　VideoStudio 软件简介

VideoStudio Pro 是由 Corel 公司推出的影音编辑工具(中文名称为绘声绘影),是现在应用最广泛的视频制作软件之一,它的可视化操作页面和多变的特效被广大非专业人员应用并且制作出了高水平的视频。现在 Corel VideoStudio 版本有很多,比较常用的有 X5,X7等,最新版为 X9。

会声会影主要的特点是:操作简单,适合家庭日常使用,完整的影片编辑流程解决方案,从拍摄到分享,处理速度加倍。它不仅符合家庭或个人所需的影片剪辑功能,甚至可以挑战专业级的影片剪辑软件,适合普通大众使用,操作简单易懂,界面简洁明快。

该软件具有成批转换功能与捕获格式完整的特点,虽然无法与 EDIUS,Adobe Premiere,Adobe After Effects 和 Sony Vegas 等专业视频处理软件媲美,但以简单易用、功能丰富的作风赢得了良好的口碑,在国内的普及度较高。

影片制作的向导模式,只要三个步骤就可快速做出 DV 影片,入门新手也可以在短时间内体验影片剪辑;同时会声会影编辑模式从捕获、剪接、转场、特效、覆叠、字幕、配乐,到刻录,全方位剪辑出好莱坞级的家庭电影。

软件具备成批转换功能与捕获格式完整支持,让剪辑影片更快、更有效率;画面特写镜头与对象创意覆叠,可随意做出新奇百变的创意效果;配乐大师支持杜比 AC3,让影片配乐更精准、更立体;同时还有酷炫的 128 组影片转场、37 组视频滤镜、76 种标题动画等丰富的效果。

3.1.2　VideoStudio 操作界面

Corel VideoStudio 能够提供用于制作具有专业外观的幻灯片和影片的所有工具。用户可以导入和编辑媒体素材、创建影片并将最终作品以视频文件、在线内容或 DVD 的形式共享。用户还可以打印快照和光盘卷标。

一、视频导入

开始视频项目时,用户可以按照与应用程序窗口上方显示的四组任务相对应的步骤工作:导入、创建、打印和共享。本部分简要描述了这四组任务。

视频项目中的第一个步骤是将视频素材和图像导入媒体整理器,如图3-1所示。可以从不同来源导入这些项目并在准备创建影片项目或幻灯片时,将它们拖动到媒体托盘。

图3-1　视频导入界面

二、创建影片

导入并整理媒体素材后,可以开始创建影片,如图3-2所示。单击创建并应用预设样式,然后选择或修改转场效果、标题和音频。

图3-2　创建影片

可以通过将媒体素材添加到媒体托盘,开始创建影片。

三、打印视频素材快照

用户可以在媒体整理器中打印所选的照片和来自视频素材的快照,如图3-3所示。如果打算将它们刻录到DVD,还可以为视频项目创建和打印光盘卷标。

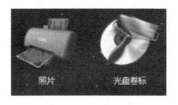

图3-3　打印图标

"打印"功能可打印照片和光盘卷标。

四、输出共享

用户可以使用共享功能为输出准备影片项目或幻灯片的最终版本,如图3-4所示。用户可以用不同的方式与家人和朋友分享视频项目:通过将项目发布到视频网站,将其作为电子邮件附件发送或将项目保存为视频文件。

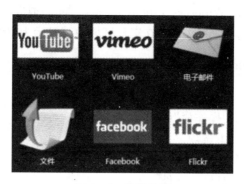

图 3-4　输出共享

五、管理媒体整理器

媒体整理器的主要组件如图 3-5 所示。

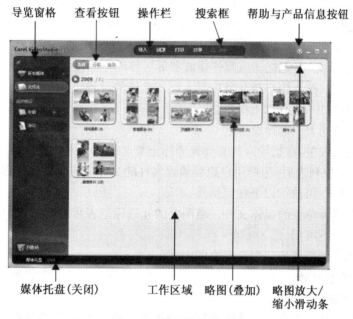

图 3-5　管理媒体整理器

媒体整理器的主要组件：

（1）导览窗格：用于访问素材库区域（用于媒体文件）和我的物品区域（用于显示在应用程序中创建的专辑和项目）中的控件。

（2）媒体滤镜：可以在工作区域中选择显示哪种媒体类型——所有媒体、照片、视频或音乐。它还可以显示文件夹的平面视图，以查看每个文件的略图。

（3）文件夹按钮：可查看存储栈中的文件夹和分组。

（4）专辑按钮：可显示专辑，选择和显示专辑内容及添加新专辑。

（5）项目按钮：可访问项目文件。

（6）回收站：可查看已删除的项目。

媒体整理器是一种媒体文件素材库。它自动包含存储在以下默认素材库/文件夹中的

媒体文件：图片、视频、音乐（Windows 7 和 Windows Vista）或我的图片、我的视频、我的音乐（Windows XP）。每个素材库/文件夹在工作区域中都显示为略图。

3.1.3　VideoStudio 基本操作

一、导入媒体文件

（1）从媒体整理器中的"操作栏"中，选择导入。

（2）从导入菜单选择以下选项之一：

➢ 我的电脑：可查看和监视本地硬盘或外部存储设备上的文件夹。

➢ 视频光盘：从视频光盘导入文件。

➢ 相机/内存卡：从数码相机导入文件。

➢ 移动电话：从手机导入文件。

➢ 网络摄像头：使用网络摄像机导入实时捕获的照片或视频素材。

➢ 电视调谐器或捕获卡：从电视调谐卡或视频捕获卡捕获和导入照片或视频。

➢ 摄像机磁带：从使用磁带录制的数字摄像机导入视频。

➢ 摄像机内存或光盘：从使用内存卡或光盘录制的摄像机导入视频。

➢ 其他设备：从 USB 记忆棒或媒体播放器等可移动存储设备导入文件。

（3）在计算机上，插入用户想从其中导入媒体文件的设备。

（4）在导入窗口中，执行以下操作之一：

➢ 从设备下拉列表中选择设备。

➢ 在文件夹列表中，在想导入的文件夹旁标记复选框。

显示文件夹下拉列表后，选择用户想要放置文件的文件夹或输入名称创建新的文件夹。

（5）在工作区域，可执行以下任何操作：

➢ 单击略图选择单独的媒体文件。略图上的复选标记表示它已被选中，该选项在我的电脑窗口中不可用。

➢ 使用所提供的控件捕获用户想要的内容。

（6）单击导入或开始。

二、处理文件夹

在默认文件夹中整理导入到媒体整理器的媒体文件。单击导览窗格中的文件夹按钮时，工作区域中会显示文件夹缩略图，如图 3-6 所示。

图 3-6　媒体整理器的导览窗格

在工作区域中单击"文件夹"按钮（左），并双击文件夹缩略图（右），可以查看文件夹的内容。可以添加、删除、重命名和合并文件夹，还可以将媒体文件添加到现有文件夹中。用户还可以从文件夹快速创建屏幕保护。

1. 在文件夹中查看媒体文件

➤ 从媒体整理器的导览窗格中,单击"文件夹"按钮。

➤ 双击文件夹缩略图。

➤ 工作区域中会显示文件夹中的媒体文件。

2. 在媒体整理器中创建新文件夹

➤ 在媒体整理器中,选择用户想要添加到新文件夹中的文件。

➤ 右击一个已选中的略图并选择复制到新文件夹。

➤ 工作区域中会显示新的文件夹。

3. 删除文件夹

➤ 在媒体整理器中,右击文件夹,并选择删除。

➤ 删除文件夹时,文件夹中的所有媒体文件都被放到应用程序的回收站中。如果用户不想删除文件夹中的所有媒体文件,则必须在删除前把相应文件移动到另一个文件夹。

4. 还原所有删除的文件

在导览窗格中,单击回收站,然后单击全部还原。

5. 清空回收站

在导览窗格中,单击回收站,然后单击清空。

6. 重命名文件夹

➤ 在媒体整理器中,右击文件夹,并选择重命名。

➤ 为文件夹输入新的名称。

7. 合并文件夹

➤ 在媒体整理器的工作区域中,选择用户想要合并的文件夹。

➤ 右击一个已选中的文件夹,并选择合并。

8. 处理略图

➤ 媒体整理器可以以略图图像的形式查看照片、视频和音乐文件,如图 3-7 所示。

➤ 在工作区域中通过放大或缩小缩略图来调整其大小。将指针放在选择的缩略图上,可以显示图像信息及可执行各种操作的按钮。

➤ 使用缩略图将媒体文件复制或移动到不同的文件夹。

➤ 双击缩略图在快速编辑视图中可开文件。

➤ 使用缩略图为显示器设置桌面背景或在计算机中快速查找文件。

图 3-7　缩略图

➤ 参数选择设置可隐藏或显示缩略图下方的文件名,并可选择将照片和视频显示为修

剪(默认)状态或适合缩略图框。

➤ 专辑和项目文件也可显示为缩略图。

将指针定位在视频素材缩略图(左)、照片缩略图(中)或音乐缩略图(右)的下边缘上时,可点击旋转、播放或删除文件等操作控件。

默认情况下,媒体文件按文件夹进行分组,如图3-8所示。文件夹视图可纵览媒体文件,也可根据文件夹的名称、日期或级别对文件进行排序或分组,可打开分组以查看组内显示的每个文件的平面视图。

图3-8 缩略图分组显示

9. 在媒体整理器中查看项目文件

媒体整理器将所有项目文件集合在一个位置,以便查找。用户可以打开项目文件,以不同的方式编辑项目、完成项目或输出项目。

三、编辑视频素材

创建新的视频或幻灯片项目时,可以编辑要使用的素材。Corel VideoStudio可旋转、修整和分割视频素材并通过各种方式增强其效果。

1. 打开"快速编辑"视图

当想对视频进行更改时,可将每个素材移动到快速编辑视图中。在这里,可以对视频进行必要的调整和效果增强。

2. 预览视频素材

使用快速编辑视图预览视频素材,显示预览窗口和带有素材的帧缩略图的时间轴,如图3-9所示。

图3-9 预览视频素材

3. 选择视频素材

选择其他视频章节,通常将素材分割为多个素材时,如果素材包含片段,用户可以单击

或 转到其他视频章节。

锁定或解除锁定媒体托盘,单击锁定/解锁媒体托盘按钮 切换。

切换到"全屏幕"模式,单击全屏幕视图图标 。

调整音量,将指针移动到调整音量 显示音量滑动条,向右拖动音量滑动条增加音量级别或向左拖动减小音量级别。

4. 旋转视频素材

用户可以旋转视频素材以更改素材方向,如图3-10所示。

"快速编辑"视图能以90°的增量旋转素材。

➢ 单击预览窗口左边的向左旋转 或向右旋转 ,更改素材方向。

➢ 单击撤销 ,撤销应用到素材的编辑或单击重复 重新应用编辑。选择恢复为原来的视频 可删除所有的编辑操作。

图3-10 旋转素材

5. 修整视频素材

用户可以通过拖动修整标记在快速编辑视图中删除不需要的视频素材部分,以在视频素材中指定新的开始和结束点,如图3-11所示。

修整标记

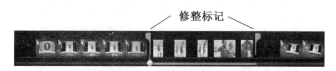

图3-11 修整视频素材

通过指定想要保留或删除的片段来修整视频素材。

➢ 单击修整视频 。

➢ 要为视频素材设置规定时间,将修整标记拖动到所需修整处标记。这可以是用户想要保留或去除的部分。

➢ 执行以下操作之一:单击"保持选定"删除超过修整标记的视频帧;单击"删除选定"删除修整标记之间的视频帧。

6. 分割视频素材

分割可将单独的视频素材分割成多个素材。这在用户的视频非常长或包含用户想要分割的不同场景时非常有用,如图3-12所示。

图3-12 分割视频素材

移动"分割视频"滑动条指定分割素材的位置。

步骤一 单击分割视频 。

步骤二 将分割视频滑动条拖动到要修剪素材的位置。

步骤三 单击"分割"。

7. 抓拍快照

从视频素材提取帧，如图3-13所示，帧被另存为图像文件。

图3-13 抓拍快照

步骤一 将擦洗器轻松拖动到想要提取的帧。

步骤二 单击抓拍快照📷，快照被添加到媒体托盘和媒体整理器。

8. 添加标题

标题是可以附加到视频素材，以便在编辑时识别素材的简短描述，如图3-14所示。

图3-14 添加标题

在"快速编辑"视图中输入标题来描述视频。

步骤一 单击预览窗口上的"在此处键入"标题框为标题添加文本。

步骤二 输入标题文本。

9. 为视频素材添加级别

分类视频素材的另一种方法是为它们添加级别。使用任何条件应用级别，如视频的受欢迎程度或视频质量。级别可帮助用户快速查找合适的视频素材。用户可以随时更改或清除级别，如图3-15所示。

图3-15 添加级别

10．调整白平衡

调整白平衡通过消除由光源或不正确的相机设置导致的色偏来还原素材的自然色温，如图 3-16 所示。

可以选择六种白平衡预设来校正不同的灯光条件（钨光、荧光、日光、云彩、阴影和阴暗）。

图 3-16　调整白平衡

选择白平衡预设可修复不同的灯光问题。

步骤一　单击"更多工具"。

步骤二　选择"白平衡预设"。

11．调整亮度

调整亮度可通过调亮或调暗素材中的每个像素来微调视频的亮度，如图 3-17 所示。

图 3-17　调整亮度

步骤一　单击"更多工具"。

步骤二　向左拖动亮度滑动条调暗素材或向右拖动滑动条调亮素材。

12．缩减杂点

缩减杂点滑动条可帮助用户有效消除可见的视频杂点，如由电子干扰引起的不需要的粒度或斑点。这些在模拟电视和视频设备中很常见。

步骤一　单击"更多工具"。

步骤二　向右拖动缩减杂点滑动条实现最大效果或向左拖动滑动条实现最小效果。执行此操作直到获得用户想要的视频外观，如图 3-18 所示。

图 3-18　缩减杂点

13．降低摇动

快速编辑视图可校正或稳定由于相机摇动造成的不符合标准的视频。

Corel VideoStudio 可减少相机摇动的效果，如图 3-19 所示。

步骤一　单击"更多工具"。

步骤二　向右拖动降低摇动滑动条获得最强效果或向左拖动滑动条获得最弱效果。执行此操作直到获得用户想要的视频外观。

图 3-19　降低摇动

14. 标记视频素材

标记是可以附加到视频素材，以便于识别视频素材并对视频素材进行分类的数字标签，如图 3-20 所示。

图 3-20　标记视频素材

步骤一　单击"更多工具"增加标签。

步骤二　在现有标记列表中，勾选想要应用的标记的复选框。

15. 删除视频

用户可以从快速编辑视图中删除视频。删除视频时，该视频被放在应用程序的回收站中。

步骤一　显示要删除的视频。

步骤二　单击删除视频🗑。

步骤三　单击确认框中的"确定"。

16. 打开"快速编辑"视图

对照片进行更改时，可在快速编辑视图中打开照片，执行基本校正，如修剪、矫直、色彩校正、消除污点和红眼。快速编辑视图可用时,可从媒体整理器媒体托盘打开快速编辑视图,如图 3-21 所示。

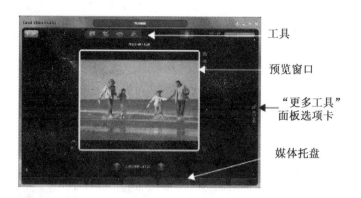

工具

预览窗口

"更多工具"
面板选项卡

媒体托盘

图 3-21　快速编辑

17. 缩放和摇动

用户可以通过放大或缩小、摇动照片、使照片适合窗口或以 100％ 比例查看照片来调整照片的视图。用户可以使用控件和鼠标滚轮来缩放,如图 3-22 所示。

图 3-22　缩放和摇动

18. 修剪照片

用户可以删除不需要的图像部分,进而在照片中突出构图或创建某元素的特写。如果用户想打印照片,可将其修剪到一个可用的打印尺寸或自定义尺寸(自由形式)。

步骤一　"修剪"工具可删除不需要的照片部分。

步骤二　快速编辑视图中,单击修剪工具 ⬛。照片上出现修剪矩形,且修剪矩形之外的区域成为阴影,如图 3-23 所示。

图 3-23　修剪照片

步骤三　将指针放在修剪矩形里面并拖动,重新调整修剪区域。

步骤四　通过拖动修剪矩形拖柄或选择选项来调整修剪区域。

19. 校正红眼

使用相机的闪光灯时,照片中经常发生红眼效果,用户可以使用修复红眼工具修复此问题。修复红眼工具用深灰色覆盖瞳孔,恢复为更加自然的外观,如图 3 - 24 所示。

图 3 - 24　校正红眼

"修复红眼"工具还原眼睛的自然状态。

步骤一　在快速编辑视图中,单击红眼工具 🐾。指针变为圆形。

步骤二　将指针直接放到红眼上。指针应该是用户想要校正的红色区域的两倍大小。要调整指针大小,拖动照片下方的大小滑动条。

步骤三　单击以消除红眼效果。红色被更加自然的状态所替换。

20. 撤销和重复操作

编辑照片时,用户可以撤销一个或多个操作。例如,用户可以撤销应用到照片的色彩调整。用户还可以重复一个或多个操作,重新应用已取消的效果,如图 3 - 25 所示。

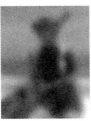

(a) 原始照片　　(b) 应用的效果　　(c) 撤销的效果　　(d) 重复的效果

图 3 - 25　撤销和重复操作

(1) 撤销操作:在快速编辑视图中,单击撤销按钮 🔄。撤销命令可按执行的顺序撤销多个操作。如果操作无法撤销,则撤销按钮不可用。用户还可以按 Ctrl＋Z 撤销操作。

(2) 重复操作:在快速编辑视图中,单击重复按钮 🔄。如果用户想重复多个操作,再次单击重复按钮。重复命令可按被撤销的顺序重复操作,只能重复被撤销的操作,用户还可以按 Ctrl＋Y 重复操作。

21. 恢复照片

用户可以通过恢复到原始照片删除对照片所做的所有更改。恢复可在一个操作中撤销所有更改,如图 3 - 26 所示。

(a)　原始照片　　　　　(b)　修改的照片　　　　　(c)　恢复的照片

图 3 - 26　恢复照片

在快速编辑视图中,单击恢复原样按钮 ▨。

22. 删除照片

可以从快速编辑视图删除照片。删除照片时,该照片被放在应用程序的回收站中。

3.1.4　使用 VideoStudio 创建电影

一、管理工作区

Corel VideoStudio 功能为创建电影提供易于使用的视频编辑界面,如图 3 - 27 所示。

工作区域

预览窗口
查看器

时间轴

媒体托盘

图 3 - 27　编辑界面

"预览窗口"在视频时间轴上显示媒体。

(1) 工作区域:包含"预览窗口"和所有相关控件。

(2) 预览窗口/查看器:可使用"预览窗口/查看器"右边的回放控件预览电影项目。

(3) 时间轴:显示电影项目的逐帧演示。用户可以在"预览窗口"中滑动白点(擦洗器)更改视图。

(4) 媒体托盘:包含为电影项目选择的所有照片和视频。

二、设置项目参数选择

创建电影时,用户可以命名项目、选择项目的输出格式和要应用的样式,如图 3 - 28 所示。

设置项目参数选择:

步骤一　在操作栏中,单击"创建电影"。

步骤二　在为项目名称提供的空间输入需要的文件名。启动时,如果没有指定新名称,

图 3－28 设置参数

会生成并使用默认名称。

步骤三 在标准(4∶3)和宽银幕(16∶9)间选择电影的输出格式(宽高比)。

步骤四 在标准清晰度和高清间选择定义电影质量的项目类型。

步骤五 从可用预设值选择一个样式定义电影的总主题。

步骤六 单击"选择照片和视频"转到下一步。

三、添加媒体素材

媒体整理器可添加用户想包括在电影中的视频和照片,如图 3－29 所示。

图 3－29 添加素材文件

四、重新排列媒体素材

用户可以按照想要在电影中出现的顺序排列所有媒体素材,如图 3－30 所示。

图 3‑30　重新排列媒体素材

编辑项目时,单击全部显示 ▦ 重新排列媒体素材。

步骤一　在创建页面,单击 ▦ ,素材会以在电影中设置的顺序显示。

步骤二　根据所需的顺序拖动媒体素材。根据参数选择调整缩略图大小,在右上角拖动滑动条。

步骤三　单击 ▣ 返回创建页面,要在快速编辑模式中增强和应用更多效果,双击媒体托盘中的媒体素材。

五、选择电影样式

可以使用不同的样式选项更改样式类别并增强电影的外观和体验,如图 3‑31 所示。

图 3‑31　选择电影样式

单击样式选项卡并为项目选择需要的电影主题,主题模板会自动应用到电影。

六、添加标题

通过为项目添加标题可使电影更具描述性,如图 3‑32 所示。

图 3‑32　添加标题

双击标题略图进入编辑模式。

步骤一　单击标题选项卡,显示标题模板。

步骤二　将"擦洗器"拖动到想要插入标题的位置。

步骤三　选择标题模板,单击"＋/－"放大或缩小标题效果。标题气泡出现在擦洗器上方。每个时间码仅允许一个标题,如果标题已存在,则＋按钮不会显示。

步骤四　拖动标题滑动条设置区间,标题气泡会相应地改变大小。

步骤五　要添加标题名称,双击标题气泡,会显示格式文本选项。

步骤六　在"预览窗口"中,输入想要添加的文字。在出现的文本编辑面板中,用户可以通过可用选项进一步自定义标题的字体属性。

步骤七　如果用户想添加更多标题,重复步骤二至六。

步骤八　单击"预览窗口"外部,完成标题编辑。

七、添加配乐

可以通过添加自己的音频文件自定义电影的配乐,拖动音频略图更改回放顺序,如图3-33所示。

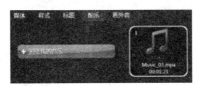

图3-33　添加配乐

步骤一　单击配乐选项卡显示所有可用的音频文件。

步骤二　单击"浏览我的音乐"按钮查找想要用于项目的音频文件。兼容的音频文件一旦被检测到,会自动出现在右窗格中,选取所需音频文件的复选框。

步骤三　单击"添加"。

八、录制画外音

通过录制画外音叙述电影。画外音可将消息直接传达给观众,如图3-34所示。

图3-34　添加画外音

步骤一　单击画外音选项卡,出现录制控件。

步骤二　单击"开始录制"按钮,"预览窗口"中会启动倒数计秒。

步骤三　当"预览窗口"中显示"开始"后,即可在电影播放背景时录制画外音。

步骤四　单击"停止录制"完成录制,画外音气泡会出现在"擦洗器"位置的上方,并成为画外音的开始点。

九、使用其他设置

设置面板可为转场、照片区间、输出格式和彼此相关的音乐及电影的长度区间提供选项,可通过这些选项来自定义电影,还可使用混音滑动条调整视频和配乐的音量,如图3-35所示。

步骤一　将鼠标移动到"设置"启动设置面板,使用不同的控件选项获得所需的视频效果。

步骤二　选择用于媒体素材之间的转场类型。

步骤三　单击照片区间下拉菜单,选择照片在项目中出现的秒数。

步骤四　移动混音滑动条,拖动到右边提高背景音乐的音量,拖动到左边提高视频的音量。

步骤五　在输出格式下,在选项"宽银幕(16∶9)"和"标准(4∶3)"间选择。

图3-35　使用其他设置

步骤六　根据参数选择调整电影的区间。在调整区间之下,在选项"按显示调整音乐"和"按音乐调整演示"间选择。

十、播放电影

预览电影以直观了解项目,基本回放控件位于"预览窗口/查看器"的右边,如图3-36所示。

图3-36　预览电影

十一、制作电影

当视频项目完成后,可开始将所有视频元素渲染到一个电影中,单击"输出"并为项目选择多种共享选项,可从以下选项选择:

➢ 设备:可将电影传输到其他移动设备,如iPod、PSP和移动电话。

➢ 光盘:可刻录电影的视频光盘。

➢ 文件:可将电影共享为视频文件。

➢ Facebook:可将电影上传到Facebook。

➢ Flickr:可将电影上传到Flickr。

➢ YouTube:可将电影直接上传到YouTube。

十二、打印

Corel VideoStudio使用户无须打开其他应用程序就能轻松打印照片和光盘卷标。

选择布局模板并设置打印选项,可在页面上打印一张或多张照片,如图3-37所示。

图 3-37　打印照片

1. 打印照片

步骤一　从媒体整理器的"操作栏"中,选择"打印"→"照片"。

步骤二　在媒体整理器中,拖动用户想要打印到媒体托盘的照片的略图。如果媒体托盘中已有照片,照片窗口将打开。

步骤三　单击"打印设置"。

步骤四　在媒体托盘中略图的左上角,指定每张照片的所需打印张数。如果用户想为媒体托盘中的所有项目设置相同的副本数,在副本数框中指定数量。

步骤五　在媒体托盘中,单击布局选项卡,从下拉列表选择以下选项之一:

① 照片大小:可根据标准照片大小选择布局;

② 照片网格:可根据页面上图像的数量选择布局。

步骤六　单击窗口右边的打印设置选项卡,并设置以下所有选项:

① 打印机:可选择打印机;

② 纸张大小:可选择标准纸张大小;

③ 打印范围:标记复选框并指定页码可指定要打印的页面;

④ 缩小到合适或修剪到合适:如果用户没有标记"自动旋转到合适"复选框,选中此选项可以指定使照片适合页面的方式;

⑤ 纵向或横向:可以为页面指定方向;

⑥ 白色边框:在所有照片周围添加白色边框;

⑦ 自动旋转到合适:自动旋转照片,使其适合页面。

步骤七　单击"打印"。

2. 打印光盘卷标

用户可以为保存在 DVD 或 CD 上的媒体文件和项目创建和打印自定义光盘卷标,如图 3-38 所示,可以轻松地自定义卷标模板并为现有光盘打印更多副本。用户还可以为光盘壳体打印卷标或为光盘打印小册子。

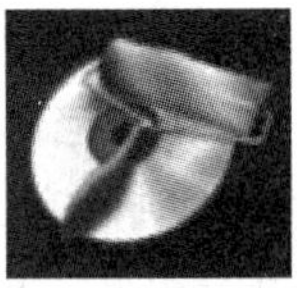

图 3-38　打印光盘盘标

步骤一　从媒体整理器的"操作栏"中,单击"打印"→"光盘卷标"。

步骤二　在媒体托盘中,执行以下操作之一:

① 要选择预设设计,单击样式选项卡,然后单击"略图"。

② 要选择自定义照片,单击背景选项卡,然后单击"更多照片"。在媒体整理器中,将略图拖动到媒体托盘并单击"下一步"。在媒体托盘中,单击"略图",将其应用到背景。在预览窗口中单击图像并使用浮动工具栏上的控件,即可调整图像。

步骤三　在预览窗口中,执行以下任何操作即可编辑文本:

① 要编辑文本,双击文本并输入想要的文字。

② 要格式化文本,单击文本,并从出现的浮动文本编辑器选择想要的选项。

③ 要移动文本,单击文本并拖动到新的位置。

步骤四 单击"打印设置"。

步骤五 在媒体托盘中,单击在浏览想要打印的卷标的略图时出现的加号。

步骤六 指定以下任意打印选项:打印机、纸张类型、纸张大小、介质类型和份数。

步骤七 单击"打印"。

十三、保存视频文件用于导出

使用共享菜单中的文件选项,创建具有不同属性的新版本视频素材。例如,用户可以更改视频格式和质量设置。用户可以选择将视频在计算机上保存为用于回放的文件格式,也可保存为用于刻录或复制到设备的文件格式,一次只能保存一个视频,如图 3 - 39 所示。

图 3 - 39 保存视频

将项目保存为视频文件:

步骤一 从媒体整理器的"操作栏"中,选择"共享"→"文件"。

步骤二 在媒体整理器中,将想要保存的视频拖动到媒体托盘。

步骤三 单击"文件",另存为视频文件页面出现。

步骤四 在文件名框中,输入文件名称。

步骤五 在"保存到"框中,浏览至想要保存文件的位置。

步骤六 在选项区域,从以下下拉列表选择设置:

① 视频格式:可选择视频格式。

② 视频质量:可设置视频质量。系统自动显示所选格式的信息及其与不同媒体设备的兼容性。

步骤七 单击"保存",正在创建电影文件进程栏出现。保存过程完成时,用户会看到文件已成功创建的消息。

步骤八 单击"确定"。

第 2 节 Premiere 软件

3.2.1 Premiere 软件简介

Premiere 是 Adobe 公司出品的一款用于进行影视后期编辑的软件,是数字视频领域普及程度最高的编辑软件之一。对于学生而言,Premiere 完全可以胜任日常的视频新闻编辑,而且由于 Premiere 并不需要特殊的硬件支持,现在很多对视频编辑感兴趣的人往往电脑里都装了这一款软件。

3.2.2 Premiere CS3 基本操作

一、基本操作界面

Premiere 的默认操作界面主要分为素材框、监视器调板、效果调板、时间线调板和工具箱五个主要部分,在效果调板的位置,通过选择不同的选项卡,可以显示信息调板和历史调板(如图 3 - 40)。

图 3 - 40 Premiere 基本操作界面

二、新建项目

双击打开 Premiere 程序，使其开始运行，弹出开始画面，如图 3 - 41 所示。

在开始界面（如图 3 - 42）中，如果最近有使用并创建了 Premiere 的项目工程，会在"最近使用的项目"下显示出来，只要单击即可进入。要打开之前已经存在的项目工程，单击"打开项目"，然后选择相应的工程即可打开。要新建一个项目，则点击"新建项目"，进入下面的配置项目的画面（如图 3 - 43）。

图 3 - 41 Premiere 加载画面

图 3 - 42 Premiere 开始界面

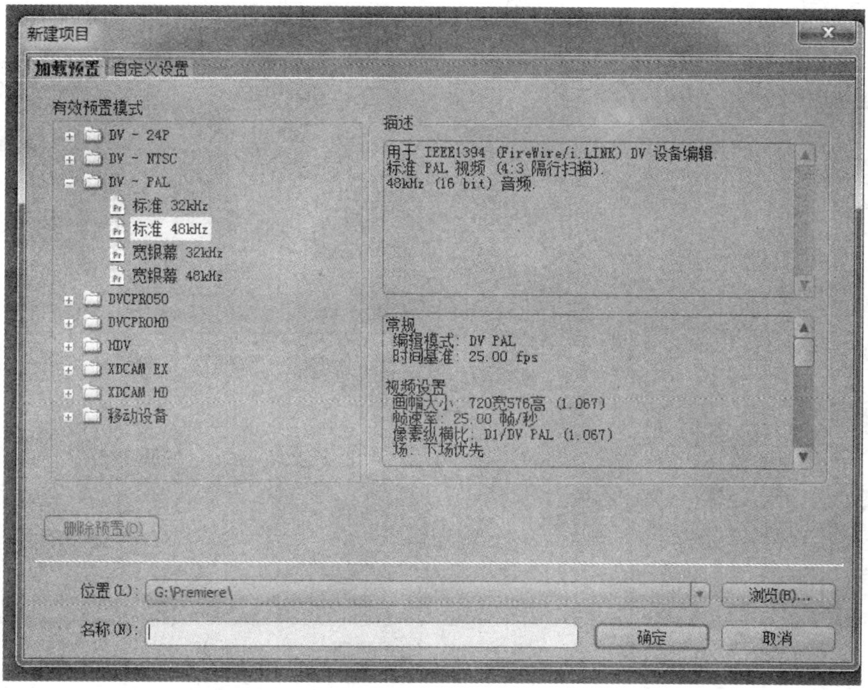

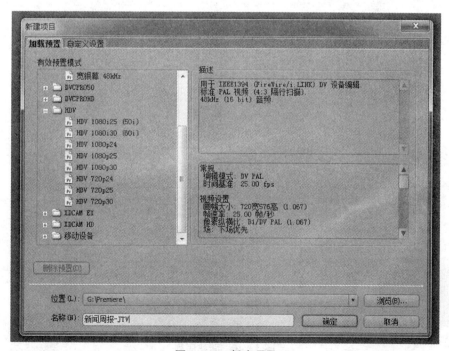

图 3‐43　配置项目

在图 3‐44 的界面下,用户可以配置项目的各项设置,使其符合用户的需要,一般来说,大都选择的是"DV‐PAL 标准 48 kHz"的预置模式来创建项目工程。在这个界面下,用户可以修改项目文件的保存位置,选择好自己的保存地点之后,在名称栏里输入工程的名字,为了方便理解和教学,新建一个"新闻周报—JTV"的项目,单击"确定",就完成了项目的创建。

图 3‐44　新建项目

单击"确定"之后，程序会自动进入编辑界面（如图 3－45）。

图 3－45 编辑界面

三、新建序列

在进入 Premiere 的编辑界面之后，Premiere 自动生成了"序列 01"的时间线，可以直接向这个时间线里导入素材进行编辑，也可以通过选择"文件"→"新建"→"序列"来新建一个时间线（如图 3－46）。

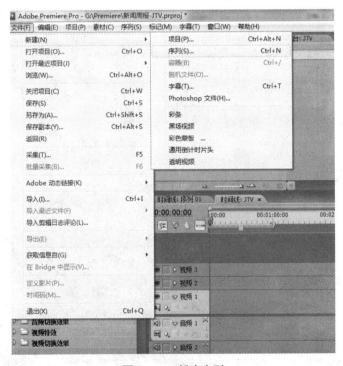

图 3－46 新建序列

在图3–47的界面中,用户可以设置新建的时间线的视频轨道的数量、各种类型音频轨道的数量。

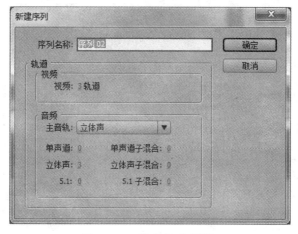

图3–47　新建序列对话框

四、导入素材

在编辑界面下,选择"文件"→"导入"(如图3–48),会自动弹出窗口(如图3–49),在弹出的界面中,选择需要导入的文件(可以是支持的视频文件、图片、音频文件等等,可以点开文件类型一栏查看支持的文件类型)。

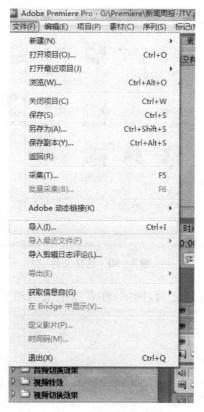

图3–48　导入素材

图 3-49 文件导入

在这里我们选择"JTV-运动会"(如图 3-50)。

图 3-50 选择文件

单击"打开",等待一段时间之后,例如,在素材框里出现了一个"JTV-运动会"的文件(如图 3-51)。

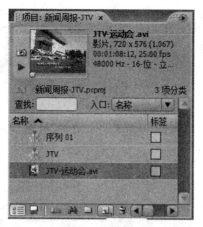

图 3 - 51　项目素材框

这时在界面的右下角,会出现一个蓝色的进度条,提示 Premiere 正在对文件进行匹配(如图 3 - 52),等待 Premiere 对文件完全匹配完成之后,用户就可以开始进行编辑了。

图 3 - 52　匹配进度条

五、基本的视频编辑操作

先简单介绍一下工具栏,如图 3 - 53 所示,工具栏里面主要有 11 种工具,作为一般的剪辑而言,主要运用的是选择工具和剃刀工具。

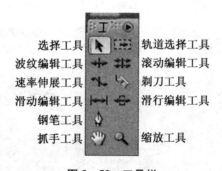

图 3 - 53　工具栏

用鼠标将素材框中需要编辑的素材拖动到时间线上(如图 3 - 54)。

图 3－54　影片插入后的时间线

点击素材,用户在右侧监视器可以预览到视频导出后的效果。如果素材在时间线上显得特别短,可以通过选择缩放工具 🔍 ,对准时间线点击,将素材放大,选择剃刀工具 🪒 ,对准素材需要分开的部分,按下鼠标,素材会被剪开,成为两个独立的片段(如图 3－55)。

图 3－55　剪开素材

这样就可以将素材中不需要的片段与需要的片段分开,然后单击选中不需要的片段,按下 Delete 键,删除不需要的片段。或对选中的片段点击鼠标右键,选择"清除",也能将不需要的片段删除(如图 3－56)。

图 3－56　清除片段

六、简单的视频特效

　　Premiere 提供了非常多的视频特效和视频的切换特效,一般来说,作为新闻的编辑,视频特效使用得并不多,这里我们主要介绍一下视频的切换特效。在编辑界面左下角的效果调板中,点开"视频切换效果"(如图 3－57)。

　　选择其中的一个文件夹,例如叠化,再选中文件夹下的叠化(如图 3－58),然后拖动到两段素材之间,就完成了特效的添加。

图 3－57 特效面板

图 3－58 展开特效合集

七、简单的音频编辑

选取完有用的片段之后，要开始准备编辑音频。用户选中一个素材片段，点击鼠标右键，选择"解除视音频连接"（如图 3－59）。

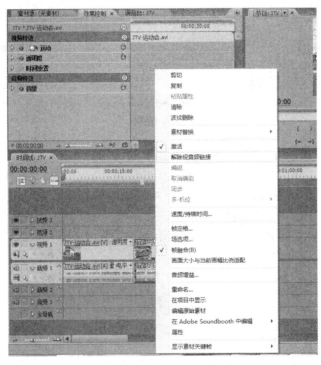
图 3－59 添加音频

然后空白处单击之后，就可以单独选中这段视频的音频进行编辑，按照剪辑视频的方式，将音频中不需要的部分删除，如图 3－60 所示。

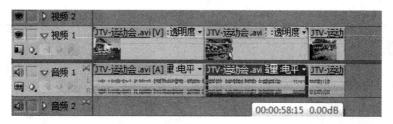

图 3 - 60 删除部分音频

八、字幕的添加和多轨编辑

在视频编辑的时候,往往会遇到要添加字幕以及小窗口等需要进行多轨道编辑的情况。下面先来介绍一下字幕的建立,选择"字幕"→"新建字幕"→"默认静态字幕"(如图 3 - 61)。

图 3 - 61 添加字幕

会出现如图 3 - 62 所示的界面,此时可以更改字幕的名称。

图 3 - 62 更改字幕名称

点击"确定"之后,会出现如图 3 - 63 所示的画面。

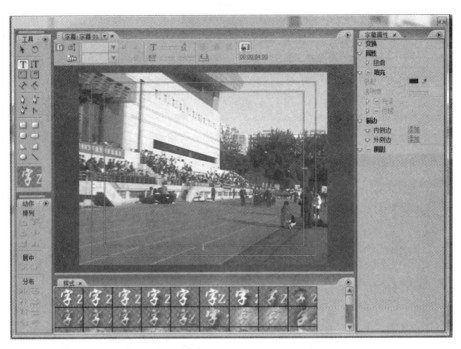

图 3 - 63　添加字幕后确定

在需要添加字幕的地方单击,会出现如图 3 - 64 所示的状况。

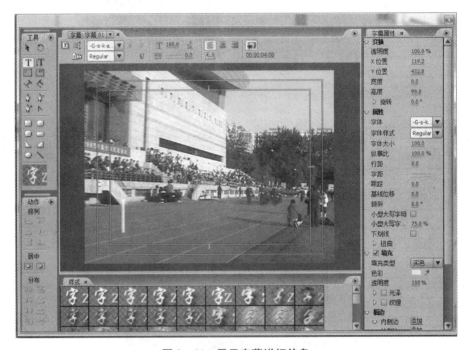

图 3 - 64　显示字幕详细信息

此时,就可以输入需要添加的文字了。需要注意的是,Premiere 默认的字体有很多汉字没办法显示,需要在输入汉字之前更改字体。在字幕右侧属性里,点开"字体",选择需要使用的字体,然后再输入(如图3-65)。

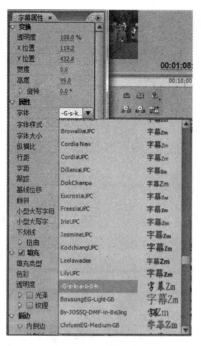

图3-65 选择字体

九、视频的渲染和导出

在视频编辑完成之后,用户可以直接通过右侧监视器上的播放键进行整体视频的预览,但是由于电脑性能所限,往往预览的时候都非常卡,所以这时用户要进行视频的渲染,选择"序列"→"渲染工作区"(如图3-66)。

软件会弹出以下界面(如图3-67),自动开始渲染。

图3-66 渲染视频

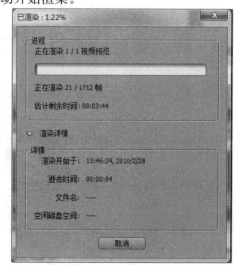

图3-67 渲染过程

当文件渲染完成之后,用户发现在时间线上出现了一条绿线(如图3-68),当时间线上

都是绿线时,视频就可以顺畅地预览了。

图 3 - 68　渲染完成

视频预览完成之后,如果没有什么问题就可以开始导出了,选择"文件"→"导出"(如图 3 - 69)。

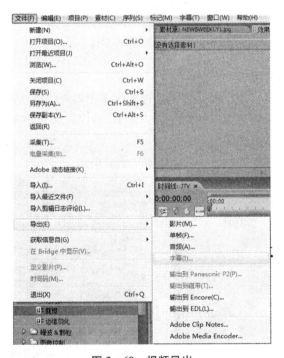

图 3 - 69　视频导出

输入名称,点击"保存",软件弹出如图 3 - 70 所示的界面后开始自动导出视频,完成后,就可以关闭软件了。

图 3-70　渲染导出

　　这个步骤导出的视频文件是 AVI 格式,非常大,用户可以通过转换软件转换格式,或者在导出的时候,选择"Adobe Media Encorder…",会弹出如图 3-71 所示的界面。

图 3-71　选择解码器导出

　　这时,用户可以在右侧修改想要存储的视频格式,然后单击"确定",出现保存界面,修改好名称后点击"保存",软件自动开始导出视频,完成后就关闭软件。

第三部分 网络应用

第一章 宽带上网及家用路由器配置

第1节 电信运营商及宽带接入方式简介

随着信息技术的飞速发展,宽带上网在中国城乡逐渐普及,根据工信部统计数据,截至2016年1月,国内各大电信运营商的互联网宽带接入用户数已达到2.1亿户。与传统的窄带网络相比,宽带网在速度上占据极大的优势,它可以为上网者提供更为平滑的视频图像、更为清晰逼真的声音效果和更为迅速的网站浏览体验。目前,国内主流的电信运营商如中国电信、中国联通、中国移动以及二级运营商如广电宽带、长城宽带等均推出了宽带上网业务,各家运营商采用的宽带接入方式各异,承诺的带宽也不尽相同。同时,在媒体上也不时爆出所谓"假宽带"的新闻,使用"假宽带"的用户实际享受的网速远达不到运营商承诺的标准。因此,作为消费者,必须对主流电信运营商所采用的不同宽带接入技术及其优缺点有所了解,才能根据自己的需求做出正确的选择。

1.1.1 常用宽带接入技术

1. ADSL 接入技术

ADSL(Asymmetric Digital Subscriber Line,非对称数字用户环路)是一种对传统电话线进行改造,实现宽带接入的技术。它采用频分复用技术把普通的电话线分成了电话、上行和下行三个相对独立的信道,从而避免了相互之间的干扰,即使边打电话边上网,也不会发生上网速率和通话质量下降的情况。之所以称为非对称数字用户环路,原因在于 ADSL 技术的上行和下行速率是不对称的。因为电话线带宽有限,而普通用户上网主要是下载而不是上传,所以 ADSL 技术上行带宽理论上最多只能达到 1 Mbps,而下行带宽理论上可以达到 8 Mbps 或更高。从技术角度看,ADSL 对宽带业务来说只能作为一种过渡性方案。但这种技术却被中国电信等老牌运营商大量采用,成为国内使用率最高的宽带接入技术,原因就在于这些老牌运营商都拥有大量的家庭固定电话客户,电话线早已入户,使用 ADSL 技术接入,正好可以对这些电话线进行最大程度的二次利用,成本低,安装方便。但 ADSL 的缺点也相当明显,其上行带宽过低,无法满足企业用户的需求,最大支持的 8M 下载带宽也逐渐无法满足普通家庭日益增长的需要。另外,ADSL 技术对电话线路质量要求较高,一般要求终端用户距离电信局机房最远不能超过 3 千米,否则接入速度将急剧下降。同时,电话线老化等问题也严重影响 ADSL 接入的网络质量,因此,ADSL 技术目前正在被其他更为先进的接入技术所取代。

2. HFC 接入技术

HFC 是 Hybrid Fiber-Coaxial 的缩写,即混合光纤同轴电缆网,是一种经济实用的综合数字服务宽带网接入技术。HFC 通常由光纤干线、同轴电缆支线和用户配线网络三部分组成,主要用来传输有线数字电视节目,同时传输网络信号。因此,HFC 接入技术主要由各地广电数字电视公司下属的宽带公司所采用。HFC 方案和 ADSL 接入方案的共同特点是利用已经有的网络基础设施,能最大程度地保护运营商的前期投资。HFC 相比 ADSL 传输容量要大得多,且易实现双向传输,但 HFC 接入技术的缺陷也非常明显,与 ADSL 每户独占一条接入线不同,在一个光结点小区内的 HFC 电缆调制解调器用户共享 27Mbps 或 40Mbps 的下行通道。为了保证接入速度,一个光结点小区内覆盖用户数目不能太多,当用户数过多或处于上网高峰时,网络速度无法得到保障。

3. FTTB＋LAN

这种接入方式又叫作小区宽带,是一种利用光纤加五类网络线的方式实现宽带接入的方案,FTTB 是光纤到楼的缩写,通过 FTTB 实现 1 000M 光纤到小区(大楼)中心交换机,中心交换机和楼道交换机以 100M 光纤或五类网络线相连,LAN 指楼道内采用综合布线通过以太局域网的方式接入最终用户家庭内部,这种接入方式用户上网速率可高达 100 Mbps,远超 ADSL,同时网络可扩展性强,投资规模小。以太网接入的经济性也非常好,而我国由于城市居民的居住密度大,正好适合以太网接入的这一特性。许多新兴的宽带接入服务商,如中国移动、中国联通、长城宽带等,由于没有电话网和有线电视网等传统网络,于是都大规模新建了 FTTB＋LAN 宽带接入网络来对抗电信的 ADSL 接入。总的来说,这种接入方式是一种性价比比较高的宽带接入方式,其存在的缺陷和 HFC 类似,虽然以太网接入能给每个用户提供 10 Mbps 以上的接口速率,但实际上普通用户现阶段是难以真正独享这么高的上网速率的,因为小区宽带用户所共享的进入因特网骨干网的带宽往往是很有限的,在网络高峰期,如果上网用户过多,可能会发生拥塞现象。

4. FTTH

FTTH(Fiber to The Home),顾名思义,就是一根光纤直接到家庭。具体说,FTTH 是指将光网络单元(ONU)安装在住家用户处,是光接入系列中除 FTTD(光纤到桌面)外最靠近用户的光接入网应用类型。FTTH 的显著技术特点是不但能提供更大的带宽,而且能传输更多种的业务。光纤到户是公认的理想接入技术,但在过去,由于成本过高,很少有运营商采用,但随着 EPON 等新技术的成熟,FTTH 的成本大幅下降,同时家庭用户对带宽的需求越来越高,传统的 ADSL 等接入技术已经不能满足人们的需要,因此,近年来,中国电信等一线运营商提出了"光进铜退"的战略口号,即用 FTTH 替换原有的 ADSL 和 LAN 等接入技术。目前,在新建小区,中国电信、中国联通和中国移动三大运营商的 FTTH 网络已基本全面覆盖。中国电信也已经推出了家用 100M 光网服务,在高速上网的同时,光纤上还能同时传输电话和互联网 IPTV 电视信号,真正实现了三网合一,这在其他接入技术上是难以想象的,因此,在未来的一段时间内,FTTH 都将是最先进的家用宽带接入技术。

1.1.2　宽带运营商的选择

目前,市场上存在多家宽带运营商,彼此竞争十分激烈,推出的套餐也是多种多样,承诺

的网速从 4 Mbps 到 100 Mbps 均有,彼此之间的价格差距也十分明显,那作为普通消费者,应该如何选择最适合自己的运营商和网速套餐呢?

应该说,这一问题没有唯一的答案,选择什么样的宽带,必须和自身的需求相结合。在具体讲解之前,有一个问题,读者必须搞清楚,在描述网速时,一般习惯采用 bps 这样的单位,也就是每秒多少 bit,而在电脑软件中,一般习惯用 Bps 来计算网速,也就是每秒多少 Byte,因此,如果运营商承诺的网速为 4M,那用电脑下载时,理论上所能达到的最大网速是 $4×1\,024$ bit/s=512 KB/s,再加上线路的损耗,所以 4M 宽带一般能达到 400 KB/s 以上的下载速度就算是正常的了。

由于中国的国情,目前在国内真正拥有骨干网资源的运营商只有中国电信和中国联通两家,中国电信发展重点主要在南方,而中国联通主要在北方。中国移动作为宽带市场上的后起之秀,目前也逐步建设了自己的骨干网,但和电信、联通仍然不能相提并论。其他运营商,无论是广电宽带、长城宽带、鹏博士宽带等等,都可以划分到二级运营商的范畴内,这些运营商一般只有城域网资源,而没有自己的骨干网,因此,它们的出口带宽均是从电信、联通、移动等一级运营商处购买来的。了解了这一点,用户就可以根据自身需求做出自己的选择了。以在南方为例,网速最快也最稳定的当属电信宽带,如果平时对下载要求较高,或者经常玩网络游戏,对网络延时要求很高,那电信宽带无疑是最佳选择。另外,电信宽带的特点是独享带宽,其合同承诺的带宽一般都可以达到,在 FTTH 光网覆盖的小区,最高可以开通100 Mbps 的套餐,网速十分可观。电信宽带的缺点在于价格是所有运营商中最高的,且经常需要和手机绑定套餐,如果已经使用了其他运营商的手机,就很难选择了。其实在南方地区,联通宽带是很好的选择,上面已经说过,中国联通也有自己的骨干网,但在南方地区,联通和电信相比,处于弱势地位。在南方,联通宽带的价格一般比电信低不少,但网速也有保障。因此,联通宽带是性价比最高的选择。联通宽带的缺点在于覆盖范围不够广,在南方很多小区都没有覆盖,因此无法选择。如果平时上网只是浏览网页新闻和玩普通的休闲游戏,那移动宽带是最佳选择。在南方,移动宽带价格一般是最低的,以江苏为例,很多城市的移动宽带资费已经低至 20 元就可以包月。随着移动公司骨干网建设力度的加大,移动宽带的网速是在不断提升的,但在现阶段,网速和电信、联通相比,还有一定的差距。至于其他运营商,因为移动宽带的强势搅局,现阶段无论从价格还是网速上都已经没有任何优势,因此,基本处于萎缩的地位,没有特别的需求,不建议选择。至于网速套餐的选择,一般来说,各家运营商都是网速越高,套餐价格越贵,对应电信、联通这样网速稳定的宽带来说,如果只是浏览网页和玩普通网游,4M 带宽就可以满足要求,如果还要同时收看 IPTV 等,那带宽至少需达到 8M 以上,如果是高清电影下载爱好者,最好选择 FTTH 接入,并且选择 20M 以上的带宽。对于其他运营商,由于没有自己的骨干网,带宽都是从一级运营商租用或购买的,所以一般承诺的带宽都有比较大的水分,媒体经常曝光的"假宽带"基本也都是指这一类的运营商,这些运营商承诺的带宽一般都是共享带宽,当上网高峰到来时,分配到每家每户的带宽将大大下降,因此,必须谨慎选择。

第 2 节　网络共享和家用路由器的配置

随着人民生活水平的不断提高,很多家庭已经拥有多台电脑,而电信运营商上门安装宽带时一般只会提供一个网络接口,因此,设置多台电脑共享上网是很多家庭都需要解决的问题。同时,随着笔记本电脑、平板电脑以及智能手机的普及,设置家用无线局域网也是很常用的操作。目前,市面上流行的各种家用宽带无线路由器就能满足上述两种需求,因此,掌握路由器的基本原理,并且学会路由器的常用配置方法,是非常重要的。

1.2.1　无线路由器原理简介

家用路由器可以简单地看成是一个网络的分配器,通过它,可以将电信运营商提供的一个网络接口分配成多个网络接口,从而可以使多台电脑同时共享上网。无线路由器则是带有无线覆盖功能的路由器,它主要应用于用户上网和无线覆盖。无线路由器可以看作一个转发器,将家中运营商接出的宽带网络信号通过天线转发给附近的无线网络设备(笔记本电脑、支持 WIFI 的手机等等)。宽带路由器的主要功能的实现来自以下三方面:

1. 内置 PPPoE

目前,大多数宽带运营商均采用专门的 PPPoE(Point-to-Point Protocol over Ethernet)协议来进行上网拨号,拨号后直接由验证服务器进行检验,用户需输入用户名与密码,检验通过后就建立起一条高速的宽带链路,并分配相应的动态 IP。宽带路由器都内置有 PPPoE 虚拟拨号功能,可以方便地替代手工拨号接入宽带。

2. 内置 DHCP 服务器

宽带路由器都内置有 DHCP 服务器的功能和交换机端口,便于用户组网。DHCP 是 Dynamic Host Configuration Protocol(动态主机分配协议)的缩写,该协议允许服务器向客户端动态分配 IP 地址和配置信息。通常,DHCP 服务器至少给客户端提供以下基本信息: IP 地址、子网掩码、默认网关。它还可以提供其他信息,如域名服务(DNS)服务器地址和 WINS 服务器地址。通过宽带路由器内置的 DHCP 服务器功能,用户可以很方便地配置 DHCP 服务器分配给客户端,从而实现联网。对应不太懂计算机网络的普通用户来说,有了 DHCP,就不需要手动设置每台计算机的网络参数,大大降低了使用难度。

3. NAT 功能

宽带路由器一般利用网络地址转换功能(NAT)以实现多用户的共享接入,NAT 比传统的采用代理服务器 Proxy Server 方式具有更多的优点。NAT(网络地址转换)提供了连接互联网的一种简单方式,并且通过隐藏内部网络地址的手段为用户提供了安全保护。内部网络用户(位于 NAT 服务器的内侧)连接互联网时,NAT 将用户的内部网络 IP 地址转换成一个外部公共 IP 地址(存贮于 NAT 的地址池),当外部网络数据返回时,NAT 则反向将目标地址替换成初始的内部用户的地址好让内部网络用户接受。

1.2.2　无线局域网及常用标准

无线局域网(Wireless Local Area Networks,WLAN)利用无线技术在空中传输数据、语音和视频信号。作为传统布线网络的一种替代方案或延伸,无线局域网把个人从办公桌边解放了出来,使他们可以随时随地获取信息,提高了员工的办公效率。无线局域网的标准由国际电工电子工程学会(IEEE)负责制定,目前常用的标准有 IEEE 802.b,IEEE 802.g, IEEE 802.n 和 IEEE 802.ac。其中,IEEE 802.b 和 IEEE 802.g 最大理论网络速度分别只能达到 11 Mbit/s 和 54 Mbit/s,已经无法适应当今的需求,基本已经被淘汰。到 2013 年,无线路由器产品支持的主流协议标准为 IEEE 802.11n,并且向下兼容 802.11g,802.11b。它的最大传输速度理论值为 600 Mbit/s,大多数采用这一标准的无线路由器产品一般能达到 300 Mbit/s 的标准,基本能满足需求。而最新一代的 IEEE 802.ac 标准最高可以提供866.7 Mbit/s 的理论速度,但目前价格过于昂贵,还不是非常普及。需要注意的是,在无线网络中,数据的传输是通过电磁波信号进行的,而实际的使用环境或多或少都会对传输信号造成一定的干扰,因此,无线网络的网速一般要远远小于其理论值,另外,无线网络的覆盖范围也受环境影响较大,当有较多的墙体和建筑物时,覆盖范围和网速都会显著下降。

1.2.3　路由器的选择和配置

目前市场上家用路由器的型号五花八门,用户应该如何选择,又应该如何配置呢? 首先应该明确的是,没有无线功能的宽带路由器已经不值得选择,因为主流无线路由器的价格已经降到了百元这个区间,即使现在家里没有无线上网的设备,也不值得再去购买有线路由器,否则后续一旦有无线上网的需求,只能重新购买。对于无线路由器来说,只支持 IEEE 802.b 和 IEEE 802.g 标准的型号也已经处于被淘汰的边缘,不值得选购,而支持 IEEE 802.ac 标准的新一代路由器目前价格又比较高,所以能够达到 300 Mbit/s 速度的 IEEE 802.n 路由器对主流用户来说是最佳选择。品牌方面,TP-LINK、D-Link、磊科、腾达等国产品牌各方面差距不大,性价比都比较高,适合主流用户。思科、华硕、网件等品牌质量更好,但价格也比较高,比较适合网络发烧友。虽然路由器品牌众多,但配置的方法差别并不大,下面就以常见的 TP-LINK 的 TL-WR841N 型号路由器为例,来讲解一下常用的配置方法。TL-WR841N 后面板示意图如图 1-1 所示。

图 1-1　路由器面板

标有 Power 的圆形插孔为电源插孔,用来连接电源,为路由器供电。它的右边有 5 个RJ45 标准网络接口,其中最左边一个相对独立的网口标有 WAN 字样,用来连接电信运营商的入户网线,如果是 FTTB+LAN 方式接入的宽带,只需要将入户网线插入到这个网口就可以了,如果是 ADSL 或 FTTH 等接入方式的宽带,则电信运营商安装的时候都会提供ADSL 猫或者光猫等设备,将电话线和光纤转换成网线,最后将转换后的网线接入 WAN 口就可以了。和 WAN 口相对应的 4 个网口为 LAN 口,用来连接家庭内部需要共享有线上网的设备。配置无线路由器之前,必须将计算机与无线路由器的 LAN 口用网线连接起来,物理连接安装完成后,要想配置无线路由器,还必须知道两个参数,一个是无线路由器的用户名和密码,另外一个参数是无线路由器的管理 IP。一般无线路由器默认管理 IP 是192.168.1.1 或者 192.168.0.1,用户名和密码都是 admin。要想配置无线路由器,必须让计算机的 IP 地址与无线路由器的管理 IP 在同一网段,实现这一点最简单的方法就是将计算机的网络参数设为自动获取,因为无线路由器的 DHCP 功能默认都是打开的,只要计算机连接到 LAN 口,就会给它分配和管理 IP 同一网段的网络地址和其他参数。在浏览器的网址栏中,输入无线路由器的管理 IP 后会弹出一个登录界面,将用户名和密码填写进去之后,就进入了无线路由器的配置界面,如图1-2所示。

图1-2　TP-LINK路由器管理主界面

在左侧菜单栏中,共有如下几个菜单:运行状态、设置向导、网络参数、无线设置、DHCP服务器、转发规则、安全设置、路由功能、动态DNS和系统工具。单击某个菜单项,即可进行相应的功能设置。

1. WAN口设置

硬件全部安装和连接好了,必须设置正确的WAN口参数才能连接到互联网,选择菜单"网络参数"→"WAN口设置",可以在随后出现的界面中配置WAN口的网络参数。WAN口一共提供3种上网方式:动态IP、静态IP和PPPoE。家用宽带一般都使用PPPoE方式,如图1-3所示。

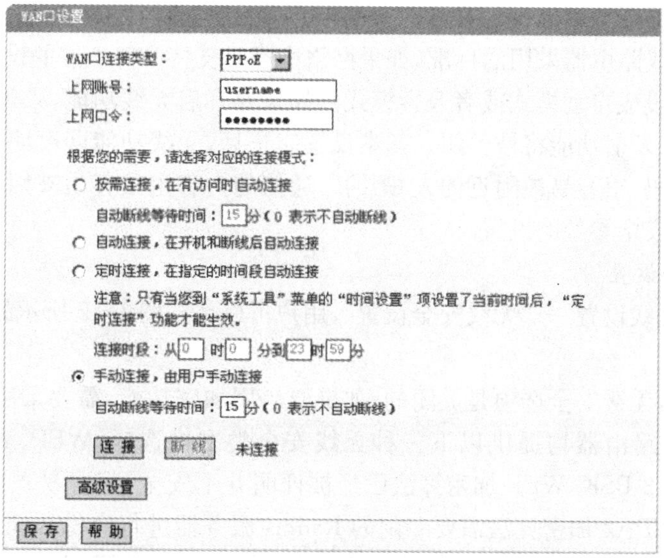

图1-3　WAN口设置

在 WAN 口连接类型中选择"PPPoE",上网账号和上网口令由运营商提供,只需正确填写即可。如果是包月不限时上网,连接模式可以选择自动连接,这样当打开路由器电源的时候就会自动拨号上网,否则可以选择手动连接或者按需连接。设置完成后,点击"连接",即可连接上网。这个时候,所有连接到 LAN 口上的设备就可以共享有线上网了,但无线上网还需要另外配置。

2. 无线基本设置

选择菜单"无线设置"→"基本设置"来设置无线网络的基本参数,如图 1-4 所示。

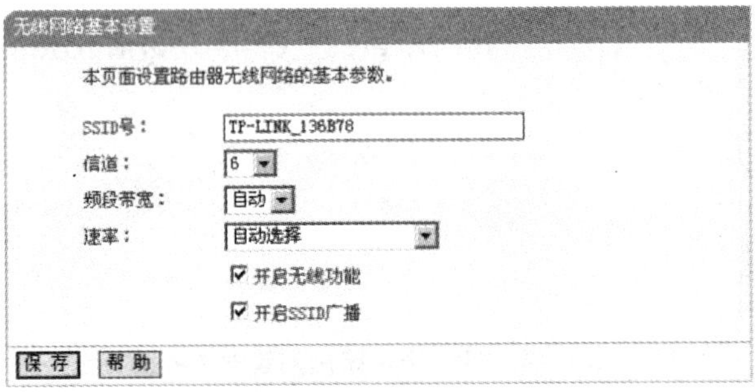

图 1-4 无线设置

其中 SSID(Service Set Identifier)是"业务组标识符"的简称,是无线网络的标志符,用来识别在特定无线网络上发现到的无线设备身份。SSID 是一个 32 位的数据,其值区分大小写。它可以是无线局域网的物理位置标识、用户的名称、公司名称、偏好的标语等用户喜欢的字符。信道也称作"频段"(Channel),是以无线信号作为传输媒体的数据信号传送通道。无线宽带路由器可在许多信道上运行。位于邻近范围内的各种无线网络设备需位于不同信道上,否则会产生信号干扰。如果用户只有一个设备,那么默认值的信道值为 6 可能是最合适的。如果用户在网络上拥有多个无线路由器以及无线访问点,建议将每个设备使用的信道错开。频道带宽用来设置无线数据传输时所占用的信道宽度,一般选择自动即可。速率用于设置无线路由器采用的标准,如果网络中都是支持 802.11n 的设备,则可以设置成 802.11n,否则应设成自动模式或者兼容模式。如果要开启无线功能,必须选中开启无线功能选项,否则无线发射功能将被关闭。基本设置完毕后,无线功能即可使用,但此时设置的无线网络没有密码,很容易被附近的人"蹭网",通信的内容也很容易被别人窃听,所以一般还需要进行网络安全参数的设置。

3. 无线安全设置

选择菜单"无线设置"→"无线安全设置",用户可以在如图 1-5 所示的界面中设置无线网络安全选项。

默认情况下,无线安全选项是关闭的,如果要启用加密功能,需要采用一种无线安全类型,通常情况下,路由器均提供以下三种无线安全类型供选择:WEP、WPA/WPA2 以及 WPA-PSK/WPA2-PSK,WEP 加密算法已经被证明并不安全,很容易被破解,所以不推荐使用,而 WPA/WPA2 加密算法需要专门的 Radius 服务器进行身份认证,对家庭用户并不适用。因此,一般选择 WPA-PSK/WPA2-PSK 加密算法。在设置时,认证类型和加密算法设为自动即可,PSK 密码要求最短为 8 个字符,最长为 63 个字符。当路由器的无线设置完成后,无线网络内的主机若想连接该路由器,则需要搜寻到对应的 SSID 号,若该路由器采用了安全设置,则无线网络内的主机必须根据此处的安全设置进行相应设置,密码设置必须完全一样,否则该主机将不能成功连接该路由器。

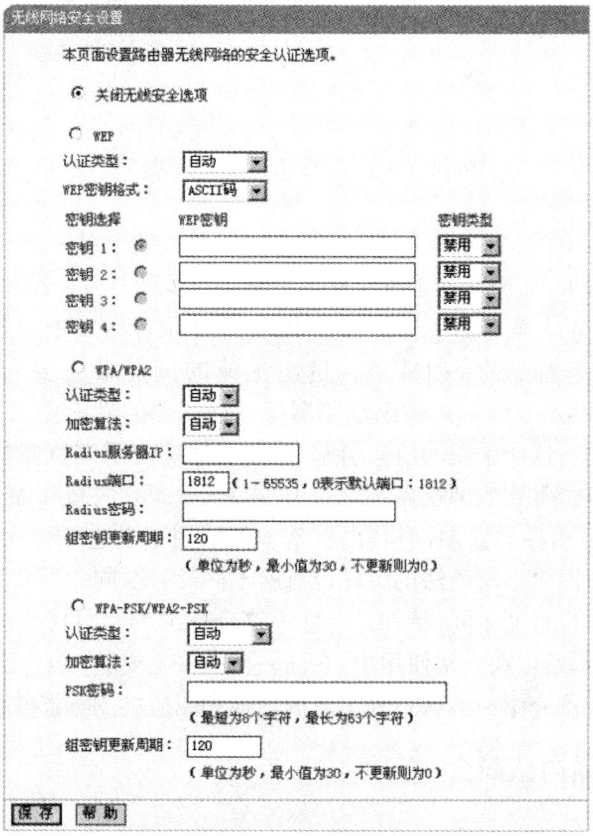

图 1-5 无线安全设置

第二章　上网常用软件操作

第1节　浏览器的选择

在各种网络服务中,万维网(Web)网页服务应用是最普及的一种,浏览各种网页,是人们上网时最普遍的需求,而浏览器是浏览网页时必不可少的软件。浏览器是 Web 服务的客户端浏览程序,可向 Web 服务器发送各种请求,并对从服务器发来的超文本信息和各种多媒体数据格式进行解释、显示和播放。目前主流的浏览器主要包括 Chrome、Safari、Firefox、Internet Explorer、Opera、傲游浏览器等。浏览器的性能由其采用的内核所决定,浏览器内核也就是浏览器所采用的渲染引擎,渲染引擎决定了浏览器如何显示网页的内容以及页面的格式信息。常用的浏览器内核有 IE 内核、Gecko 内核和 WebKit 内核。目前市面上的浏览器程序虽然种类繁多,但其内核基本都采用了上述三种内核中的一种或多种。不同的浏览器内核对网页编写语法的解释也有所不同,因此,同一网页在不同内核的浏览器里的渲染(显示)效果也可能不同,特别是有些不符合标准的网页代码只能在某些特定内核的浏览器中正常显示,所以在日常使用中,在同一台机器上安装多个采用不同内核的浏览器是有必要的。下面着重介绍一下这三种主流的内核和相应的浏览器软件。

2.1.1　浏览器内核简介

1. IE 内核

IE 内核正式的名字叫作 Trident 内核,因为 Windows 操作系统自带的 Internet Explorer(IE)浏览器就采用了这种内核,所以 IE 内核这个名字比 Trident 内核更为人所熟悉。因为 Windows 操作系统在家用电脑领域处于绝对垄断地位,其自带的 IE 浏览器自然在市场占有率方面也一直处于第一的位置。需要注意的是,早期版本的 IE 浏览器,如 IE6 及更早版本所采用的 IE 内核并不完全遵守 W3C 所制定的网页设计标准,因此,一些完全符合网页设计标准的网页在 IE6 下却无法正常显示。但由于 IE6 是 Windows XP 操作系统自带的浏览器,市场占有率极高,所以大量的网页不得不放弃标准,而专门为 IE6 内核编写。这些网页在 IE6 下显示很正常,但因为它们的代码并不符合 W3C 标准,在真正遵守 W3C 标准的内核的浏览器上又无法正常显示。所以 IE6 的存在一直是所有网页设计人员的噩梦,每个设计人员必须在遵守 W3C 标准还是屈从于 IE6 的市场占有率之间做出艰难的选择。幸运的是,微软公司也意识到了这个问题,在其后续推出的 IE7、IE8 一直到最新的 IE11 浏览器中,多次更新了 IE 内核,使其逐步向 W3C 标准靠拢。特别是随着新一代 Windows 7 及 Windows 10 操作系统的快速普及,其自带的高版本浏览器也取代了 IE6 的地位,困扰设计人员多年的网页标准问题也初步得到了解决。目前各大主流网站代码已经基本完全采用 W3C 标准编写,因此,还在使用 Windows XP 系统的读者必须尽快升级 IE

版本,否则会有越来越多的网页无法正常显示。由于目前微软已经停止对 Windows XP 系统进行更新和技术支持,所以 Windows XP 所能使用的 IE 浏览器的最高版本只能是 IE7,如想安装更新版本的 IE 浏览器,必须升级操作系统到 Windows 7 或者更高版本。图 2-1 为 Windows 7 系统下的 IE10 浏览器界面。IE 浏览器操作简单,界面友好,和 Window 操作系统结合得也最好,因此,对普通用户来说是最佳的选择。需要注意的是,IE 内核实际上是一款开放的内核,其接口设计得相当成熟,因此,有许多采用 IE 内核而非 IE 的浏览器(套壳浏览器)涌现出来,如早期的 360 浏览器、Maxthon、The World、TT、Green Browser、Avant Browser 等。这些浏览器在 IE 内核的基础上添加了自己的一些特色功能,但对网页的显示效果是完全一致的,并且如果本机的 IE 浏览器内核被破坏,这些浏览器也会工作异常。

图 2-1 IE10 浏览器界面

2. Gecko 内核

Gecko 内核现在主要由 Mozilla 基金会进行维护,是开源的浏览器内核。Gecko 的特点是代码完全公开,因此,其可开发程度很高,全世界的程序员都可以为其编写代码,增加功能。这是个开源内核,因此,受到许多人的青睐,Gecko 内核的浏览器也很多,这也是 Gecko 内核虽然年轻但市场占有率能够迅速提高的重要原因。此外 Gecko 也是一个跨平台内核,可以在 Windows、BSD、Linux 和 Mac OS X 中使用。目前最主流的 Gecko 内核浏览器是 Mozilla Firefox,所以该内核也常常被称为火狐内核。因为 Firefox 的出现,IE 的霸主地位逐步被削弱。目前最新的 Firefox 版本为 Firefox 46,图 2-2 为 Windows 7 系统下的 Firefox 浏览器主界面。

图 2-2 Firefox 浏览器界面

3. WebKit 内核

WebKit 由 KHTML 发展而来，也是苹果公司对开源世界的一大贡献，是目前最火热的浏览器内核。WebKit 也是自由软件，同时开放源代码。它的特点在于源代码结构清晰、渲染速度极快，主要代表产品有苹果的 Safari 浏览器和 Google 的 Chrome 浏览器。WebKit 内核在手机上的应用也十分广泛，例如，Google 的 Android 平台浏览器、Apple 的 iPhone 浏览器、Nokia S60 浏览器等所使用的浏览器内核引擎，都是基于 WebKit 引擎的。图 2-3 为 Chrome 浏览器主界面。

图 2-3 Chrome 浏览器主界面

2.1.2　浏览器的选择

通过上面的原理分析,我们知道,不同的浏览器对网页显示的效果由其采用的内核所决定。虽然现在大多数内核都逐渐在向 W3C 标准靠拢,但不同的内核仍然有一定的差异,同时仍然有相当数量的网页代码设计不够标准,只能在特定版本的浏览器下显示。作为普通用户,如何应对这一情况? 难道必须在电脑中安装多个浏览器吗?

对于普通的电脑用户来说,首先要确保不再使用 IE6 这样的老式浏览器,IE6 不但不兼容很多网页设计的标准,同时安全漏洞也非常多,电脑用户必须升级新版的操作系统和 IE 浏览器。在正常使用的情况下,用户也无须安装太多的浏览器。目前国内流行的很多浏览器,如傲游浏览器、搜狗浏览器等,都具备双内核切换功能,只要安装任意一款,再加上系统自带的 IE 浏览器,基本可以解决任何网页的兼容性问题。下面以傲游浏览器为例,介绍一下如何进行内核的切换。

在默认情况下,傲游采用极速模式来浏览网页,此时在浏览器地址栏的最右边,会显示一个闪电图标,如图 2-4 所示。傲游浏览器的极速模式使用了业界公认最快的 WebKit 浏览器内核,会给用户带来更好的上网速度。

图 2-4　极速模式

使用极速模式时,可能会发现平时常看的网站无法播放视频、页面错乱或功能无法正常使用,这是网站编写不够标准,不兼容极速模式造成的。这时需要点击地址栏末端的闪电图标来切换内核,使用 IE 兼容模式来查看网页,如图 2-5 所示。IE 兼容模式采用 IE 浏览器使用的 Trident 内核,和 IE 浏览器有相同的兼容性,对于工商银行、招商银行等绝大部分国内银行的网上银行网站和部分电子邮箱、在线视听、相册等使用了独立控件的网站,必须使用 IE 兼容模式才能正常显示。

图 2-5　兼容模式

采用上述双核浏览器后,绝大多数的网页兼容性问题都可以得到解决,但目前仍然存在一些网页,是采用 IE6 内核的标准编写的,而双核浏览器采用的 IE 内核都是新版的 IE 内核,即使用了 IE 兼容模式,也无法很好地显示这部分网页。好在微软公司在开发新版 IE 浏览器的时候已经考虑到了这一问题,在 IE8 和更新版的 IE 浏览器中,都专门提供了“兼容性视图”功能。当 IE8 检测到某网站不兼容时,地址栏右侧就会出现兼容性视图按钮,如图 2-6 所示,出现问题时只需轻轻一点,大部分网页显示就会正常了。

图 2-6　兼容性视图按钮

第 2 节　使用 Foxmail 收发电子邮件

电子邮件,译自英文 E-mail(即 Electronic mail),简称电邮,是指通过网络的电子邮件系统来书写、发送和接收的信件,是互联网最受欢迎且最常用到的重要功能。想使用电子邮件功能,首先必须申请自己的电子邮箱。在国内,网易、腾讯、新浪等互联网公司均提供了免费的电子邮箱服务,在国外,Google 公司提供的 Gmail 以及微软公司提供的 Hotmail 等免费电子邮箱服务也深受用户欢迎。目前,绝大多数网民都拥有自己的电子邮箱,但其中大多数人只会登录到相关电子邮箱的网页页面来收发电子邮件,而不知道如何使用电子邮件客户端来更便捷地收发电子邮件。本节以国内著名的电子邮件客户端软件 Foxmail 为例,讲解如何通过客户端来收发电子邮件。

2.2.1 电子邮件收发方式

收发电子邮件通常有两种方式,一种是登录到相应邮箱系统的网页上,在网页上直接选择收发邮件功能,另一种是在操作系统里安装邮件客户端并使用其来收发邮件。邮件客户端通常指使用 IMAP/APOP/POP3/SMTP/ESMTP/协议收发电子邮件的软件。用户不需要登入邮箱对应的网页就可以收发邮件。同时,一个邮件客户端可以配置多个不同邮箱账号,能统一接收和管理多个邮箱的邮件,这为工作中需要用到多个电子邮箱的人们提供了极大的帮助。接收电子邮件的常用协议是 POP3 和 IMAP,发送电子邮件的常用协议是 SMTP。另一个大部分邮箱客户端支持的重要标准是 MIME,它是用来发送电子邮件附件的。在使用客户端接收邮件之前,必须确认当前使用的电子邮箱服务系统支持客户端接收邮件。一般来说,收费邮箱和企业邮箱均支持客户端,而免费邮箱则不一定支持,因为如果使用客户端接收邮件,用户无须登录到邮箱的网页界面,可能会降低免费邮箱在线广告之类业务的收入。可喜的是,目前国内主流的免费邮箱如网易 163 邮箱、腾讯 QQ 邮箱等均支持客户端收发。以网易 163 邮箱为例,在网页登录后,点击页面正上方的"设置",再点击左侧的"POP3/SMTP/IMAP",可以看到这三种协议均是系统默认勾选开启的,如图 2-7 所示。

图 2-7 网易邮箱设置

和网易邮箱不同,QQ 邮箱虽然也支持客户端,但为了保障用户邮箱的安全,QQ 邮箱的 POP3/SMTP/IMAP 选项系统缺省设置是"关闭",在用户需要这些功能时需要先登录网页版 QQ 邮箱,并手动开启相关选项,如图 2-8 所示。至于其他邮箱系统是否支持客户端收发,可以查看相应的帮助页面。

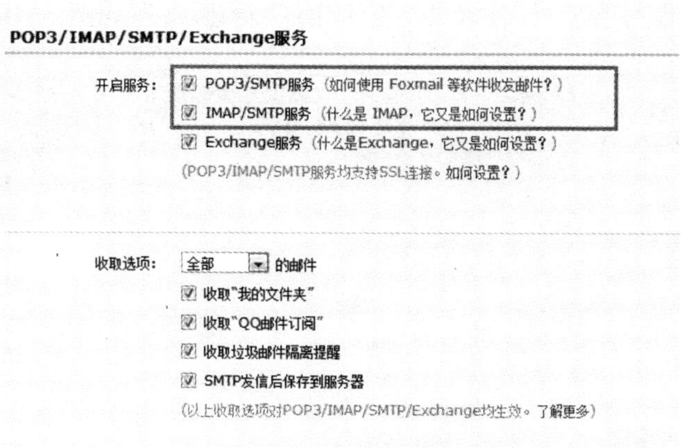

POP3/IMAP/SMTP/Exchange服务

开启服务: ☑ POP3/SMTP服务（如何使用 Foxmail 等软件收发邮件？）

☑ IMAP/SMTP服务（什么是 IMAP，它又是如何设置？）

☑ Exchange服务（什么是Exchange，它又是如何设置？）

（POP3/IMAP/SMTP均支持SSL连接。如何设置？）

收取选项: 全部 ▼ 的邮件

☑ 收取"我的文件夹"

☑ 收取"QQ邮件订阅"

☑ 收取垃圾邮件隔离提醒

☑ SMTP发信后保存到服务器

（以上收取选项对POP3/IMAP/SMTP/Exchange均生效。了解更多）

图 2-8 QQ 邮箱设置

2.2.2 Foxmail 的配置

世界上有很多种邮件客户端,比较著名的主要有 Windows 自带的 Outlook,Outlook 的升级版 Windows Live Mail 以及国产客户端 Foxmail,我们应该选择哪一种来收发邮件呢?又应该如何配置它来收发电子邮件呢?

虽然 Outlook 曾经是 Windows 操作系统自带的邮件客户端,但其功能过于简陋,且从 Windows 7 系统开始,微软已经不再在系统中捆绑 Outlook 软件,所以 Outlook 并不是很好的选择。而 Foxmail 邮件客户端软件是国产最著名的软件产品之一,中文版使用人数超过 400 万,英文版的用户遍布 20 多个国家,名列"十大国产软件",2005 年 3 月 16 日被腾讯公司收购,现在已经发展到 Foxmail 7.27。Foxmail 功能强大,界面友好,绿色免费,且符合国人的操作习惯,因此,本书推荐选择 Foxmail 来进行邮件的收发。

在配置 Foxmail 之前,首先必须去软件官方网站 http://foxmail.com.cn/下载最新版的 Foxmail 安装程序并进行安装,安装的过程和安装普通软件相似,在此不再赘述。当软件安装成功后,以网易 163 邮箱为例,可以按照以下步骤来配置收发电子邮件。

步骤一 打开 Foxmail 客户端软件,点击"工具"菜单中的"账号管理",如图 2-9 所示。

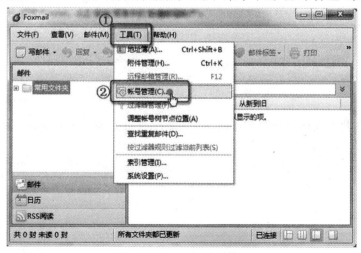

图 2-9 Foxmail 账号管理

步骤二　进入账号管理页面后,点击左下角的"新建..",如图 2-10 所示。

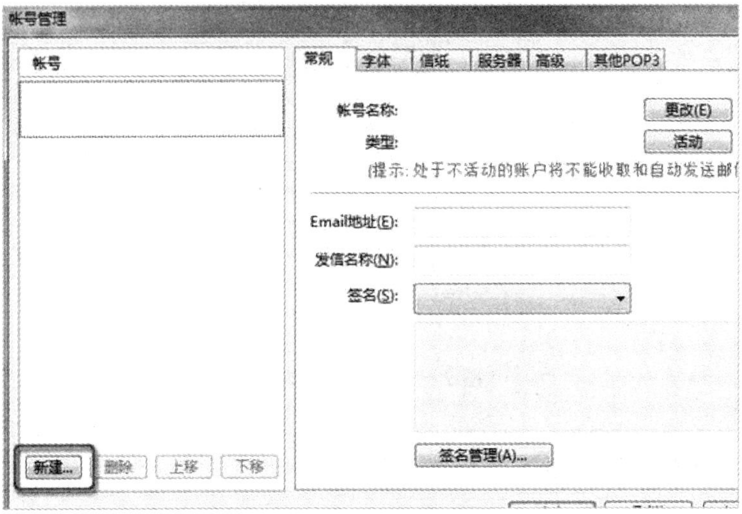

图 2-10　新建账号

步骤三　进入 Foxmail 新建账号向导后输入用户的"电子邮件地址"后点击"下一步",如图 2-11 所示。

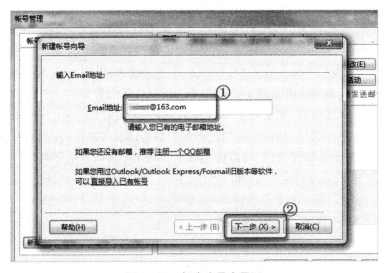

图 2-11　新建账号主界面

步骤四　在此页面选择新建邮箱的类型(即接收服务器类型),输入"密码"和"账号描述"后点"下一步",如图 2-12 所示。

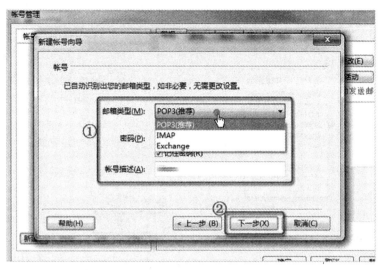

图 2 - 12　设置 POP3

步骤五　系统会根据用户上步所选的邮箱类型自动匹配对应的接收和发送服务器地址,用户只需确认"服务器类型"及"端口号"无误后点击"完成"即可。

> 若用户选择 POP3 类型,则接收服务器:pop. 163. com,发件服务器:smtp. 163. com (端口号使用默认值),如图 2 - 13 所示。

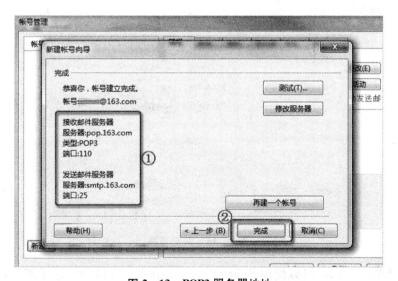

图 2 - 13　POP3 服务器地址

> 若用户选择 IMAP 类型,则接收服务器:imap. 163. com,发件服务器:smtp. 163. com (端口号使用默认值),如图 2 - 14 所示。

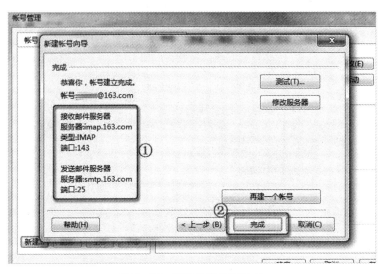

图 2-14 IMAP 服务器地址

步骤六 此时用户可在账号管理弹窗左上角看到新建的邮箱账号,点击"确定"后即可自由收发邮件了,如图 2-15 所示。

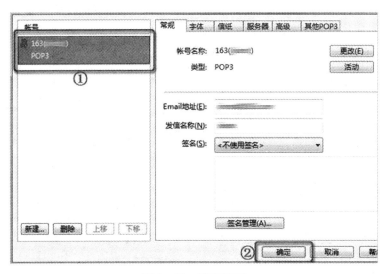

图 2-15 确定界面

至此,配置全部完成,可以使用 Foxmail 来正常收发 163 邮箱的电子邮件,其他邮箱的配置方法与此类似。

第3节 使用 QQ 进行远程协助

随着电脑网络的迅速普及,很多对电脑不太熟悉的中老年人也加入了网民大军。在这一群体中,很多人都是空巢老人,子女在外工作或者求学,一旦电脑出现任何问题,他们根本无力解决,实际上,他们碰到的很多问题都是非常容易解决的,有了远程控制技术,在外地的儿女就可以远程控制家中的电脑,就像直接操作本地电脑一样,很快就可以找到问题的所在,并加以解决。为了和在外地的子女联系,这些老年人的电脑上普遍都安装了腾讯 QQ,而腾讯 QQ 自带的远程协助功能非常简单实用,无须任何第三方软件,即可实现远程控制。

2.3.1　远程控制简介

远程控制是在网络上由一台电脑远距离去控制另一台电脑的技术,主要通过远程控制软件实现。远程控制必须通过网络才能进行,位于本地的计算机是操纵指令的发出端,称为主控端或客户端,非本地的被控计算机叫作被控端或服务器端。"远程"不等同于远距离,主控端和被控端可以是位于同一局域网的同一房间中,也可以是连入 Internet 的处在任何位置的两台或多台计算机。远程控制软件一般分客户端程序(Client)和服务器端程序(Server)两部分,通常将客户端程序安装到主控端的电脑上,将服务器端程序安装到被控端的电脑上。使用时客户端程序向被控端电脑中的服务器端程序发出信号,建立一个特殊的远程服务,然后通过这个远程服务,利用各种远程控制功能发送远程控制命令,控制被控端电脑中各种应用程序的运行。远程控制软件主要使用 TCP 和 UDP 这两种协议。

采用 TCP 协议的主要有 Windows 系统自带的远程桌面、pcAnyWhere 等,网上多数的远程控制软件都使用 TCP 协议来实现远程控制。使用 TCP 协议的远程控制软件的优势是稳定、连接成功率高;缺陷是双方必须有一方具有公网 IP(或在同一个内网中),否则就需要在路由器上做端口映射。这意味着用户只能用这些软件控制拥有公网 IP 的电脑,或者只能控制同一个内网中的电脑(比如控制该公司里其他的电脑)。用户不可能使用 TCP 协议的软件,从某一家公司的电脑控制另外一家公司的内部电脑,或者从网吧、宾馆里控制办公室的电脑,因为它们处于不同的内网中。而国内大多数的电脑都处于内网中(使用路由共享上网的方式即为内网),TCP 软件不能穿透内网的缺陷,使得该类软件使用率大打折扣,但是很多远程控制软件支持从被控端主动连接到控制端,可以在一定程度上弥补该缺陷。

与 TCP 协议远程控制不同,UDP 传送数据前并不与对方建立连接,发送数据前后也不进行数据确认,从理论上说速度会比 TCP 快(实际上会受网络质量的影响)。最关键的是使用 UDP 协议可以利用 UDP 的打洞原理(UDP Hole Punching 技术)穿透内网,从而解决了 TCP 协议远程控制软件需要做端口映射的难题。这样,即使双方都在不同的局域网内,也可以实现远程连接和控制。QQ、MSN、Dragon 远程控制 UDP 版、XT800 的远程控制功能都是基于 UDP 协议的。用户会发现使用穿透内网的远程控制软件无须做端口映射即可实现连接,这类软件都需要一台服务器协助程序进行通信以便实现内网的穿透。由于 IP 资源日益稀缺,越来越多的用户会在内网中上网,因此,能穿透内网的远程控制软件,将是今后远程控制发展的主流方向。

2.3.2　QQ 远程控制实战

目前网络上有很多远程控制软件可供选择,那普通用户应该选择哪一种才比较合适呢?大多数网络远程控制软件都比较专业,需要分别安装服务器端和客户端软件,对普通用户不太适用。而 QQ 软件在绝大多数电脑中都会安装,而且很多老年人都有自己的 QQ 号,以便和外地的儿女进行交流,因此,采用 QQ 自带的远程协助功能是最佳的选择。下面就以 QQ 为例来介绍远程协助的使用方法。

步骤一　让"爸爸"登录家里电脑上的 QQ，"儿子"打开自己 QQ 上爸爸的好友对话框，点击对话框上方的远程桌面按钮，如图 2-16 所示。

图 2-16　远程桌面邀请

步骤二　此时"爸爸"的电脑桌面上会立即收到一条消息，如图 2-17 所示。

图 2-17　邀请提示

步骤三　"爸爸"在对面只需要接受一下就可以了，如图 2-18 所示。

图 2‑18　远程桌面接受

步骤四　此时，"爸爸"的电脑桌面就出现在"儿子"电脑的桌面窗口上，"爸爸"的电脑就处于"儿子"的控制之下，但是"爸爸"可以随时在对话框中点击"断开"按钮中断"儿子"的控制，"儿子"也可以最大化这个窗口全屏使用，如图 2‑19 所示。

图 2‑19　远程桌面连接成功

通过 QQ 来进行网络远程协助是非常简单的，熟练掌握这一功能，可以给网络生活带来极大的便利。

第三章 计算机及网络安全

扫一扫可见本章
参考资料

第1节 计算机及网络安全简介

随着计算机和网络普及程度的提高,各种各样的恶意程序及网络攻击行为也日益泛滥,给计算机用户带来了很大的困扰和损失,掌握基本的计算机安全常识已经成了每个电脑用户的必修课。目前,对计算机安全威胁最大的主要有各类病毒程序、木马程序、恶意软件及各种网络黑客攻击程序,只有了解这些程序背后的原理,才能有的放矢地进行防范,从而保证计算机和网络系统的安全。

3.1.1 常见计算机安全隐患

1. 计算机病毒

计算机病毒,是指人为编制或者在计算机程序中插入的"破坏计算机功能或者毁坏数据,影响计算机使用,并能自我复制的一组计算机指令或者程序代码"。计算机病毒是一段特殊的计算机程序,可以在瞬间损坏系统文件,使系统陷入瘫痪,导致数据丢失。病毒程序的目标任务就是破坏计算机信息系统程序、毁坏数据、强占系统资源、影响计算机的正常运行。在通常情况下,病毒程序并不是独立存储于计算机中的,而是依附(寄生)于其他的计算机程序或文件中,通过激活的方式运行病毒程序,对计算机系统产生破坏作用。计算机病毒有一个重要的特性,就是具有复制和传播能力。计算机病毒可以很快地蔓延,又常常难以根除。它们能把自身附着在各种类型的文件上,当文件被复制或从一个用户传送到另一个用户时,它们就随同文件一起蔓延开来。

2. 木马程序

木马(Trojan)这个名字来源于古希腊传说特洛伊木马,计算机中所说的木马与病毒一样,也是一种有害的程序。与一般的病毒不同,它不会自我繁殖,也并不刻意地去感染其他文件,它通过将自身伪装成正常软件吸引用户下载执行,向施种木马者提供打开被种者电脑的门户,从而窃取被种者电脑中的文件,甚至远程操控被种者的电脑。木马通常有两个可执行程序:一个是客户端,即控制端;另一个是服务端,即被控制端。植入被种者电脑的是"服务端"部分,而黑客则使用"控制端"进入运行了"服务端"的电脑。运行了木马程序的"服务端"以后,被种者的电脑就会有一个或几个端口被打开,黑客可以利用这些打开的端口进入电脑系统,安全和个人隐私也就全无保障了。

3. 恶意软件

恶意软件又被称为广告软件(adware)、间谍软件(spyware)、恶意共享软件(malicious shareware)。与病毒或蠕虫不同,这些软件大多并不是由小团体或者个人秘密地编写和散播,反而有很多知名企业和团体涉嫌编制此类软件,用来向用户强制推广自己的产品。一般

来说,具有下列特征的软件可以被归类为恶意软件:

(1) 强制安装:指在未明确提示用户或未经用户许可的情况下,在用户计算机或其他终端上安装软件的行为。

(2) 难以卸载:指未提供通用的卸载方式,或在卸载后仍有活动程序的行为。

(3) 浏览器劫持:指未经用户许可,修改用户浏览器或其他相关设置,迫使用户访问特定网站或导致用户无法正常上网的行为。

(4) 广告弹出:指未明确提示用户或未经用户许可的情况下,利用安装在用户计算机或其他终端上的软件弹出广告的行为。

(5) 恶意收集用户信息:指未明确提示用户或未经用户许可,恶意收集用户信息的行为。

(6) 恶意卸载:指未明确提示用户、未经用户许可,或误导、欺骗用户卸载其他非恶意软件的行为。

(7) 恶意捆绑:指在软件中捆绑已被认定为恶意软件的行为。

(8) 其他侵犯用户知情权、选择权的恶意行为。

4. 黑客攻击

黑客,是对英语 hacker 的翻译,早期的黑客通常指的是那些具有极高计算机硬件和软件水平,并有能力通过创新的方法剖析系统,找出计算机和网络漏洞的计算机高手。而当今黑客这个词却已经带有了贬义,主要指那些利用计算机网络,通过技术手段非法侵入他人电脑系统、盗窃系统保密信息、破坏目标系统数据的犯罪分子。一般来说,黑客主要攻击的目标是商业网站和企业用户,但随着个人计算机的普及,很多黑客也瞄准了普通用户的计算机,企图盗取网银密码、游戏账号等敏感数据,从而获取经济利益。早期的黑客需要对计算机知识非常精通才能发起攻击,而现在,各种傻瓜式黑客软件在网络上随处可见,一个具有初级电脑水平的人下载相关软件后就可以轻松发动攻击,只要被攻击的电脑防范不严,或者存在系统漏洞,就很容易被攻陷,造成重大损失。因此,计算机用户必须高度警惕,加强防范。

3.1.2　常用防范手段

目前网络上各种病毒和木马多如牛毛,新的黑客攻击手段也是层出不穷,而且攻击者的目的越来越明确,就是希望窃取敏感数据,从而获取经济利益,因此,一旦中招,通常损失都比较大。很多普通用户甚至不敢把自己的电脑接入网络,其实,只要遵循一定的安全规则,正确操作,就可以避免绝大多数的攻击,享受计算机和网络带给我们的便利。

1. 及时安装操作系统和各种应用软件的漏洞补丁

系统漏洞是指应用软件或操作系统软件在逻辑设计上的缺陷或错误被不法者利用,通过网络植入木马、病毒等方式来攻击或控制整个电脑,窃取电脑中的重要资料和信息,甚至破坏系统。很多情况下,病毒和木马就是利用系统的漏洞来传播和运行的,如果漏洞及时被补上,这些恶意程序就无法发挥作用了。以目前主流的 Windows 操作系统为例,微软公司定期都会发布升级补丁,遇到特别重大的安全漏洞还会临时发布紧急补丁,通过 Windows Update 功能就可以自动升级。但目前国内用户大多片面依靠杀毒软件,不重视安装补丁,很多盗版用户因为害怕正版验证甚至关闭了 Windows Update 功能,这都给病毒和木马传

播提供了良机。

2.断绝病毒和木马的传播渠道

病毒和木马再厉害,也无法自动进入用户的电脑来运行,因此,它们都需要一定的传播渠道。过去,病毒传播的主要渠道是盗版软件光盘,而现在,U盘和网络已经成了病毒传播最活跃的场所。对于情况不明的U盘,要尽量避免插入自己的计算机,如果不得不使用,最好先关闭本机的U盘自动运行功能,防止病毒在U盘插入后自动运行,另外在插入时先使用杀毒软件扫描,然后再打开使用。对于网络上传播的病毒和木马,有两种途径进入到用户电脑,一种是将病毒代码嵌入到网页代码中,当用户打开相应网页时,病毒代码也被下载,然后利用特定的系统漏洞感染本地电脑。对于这种病毒,只要相应的漏洞补丁已经被安装,即使病毒代码被下载,也是无法感染的。另外,传播这种病毒代码的网站一般都是一些不正规的网页,平时上网时要避免访问这些网站。还有一种途径是病毒伪装成诱人的内容吸引用户主动下载运行,从而感染本地系统。因此,上网时一定要注意甄别,尽量只在正规网站下载内容。

3.使用正版安全软件

由于我国特定的国情,盗版软件使用率比较高,很多用户没有购买正版软件的意识,但一套正版的安全软件是必需的投资。对于普通用户来说,依靠杀毒软件和防火墙来保护系统的安全是最可靠的选择。在选择杀毒软件时,要注意选择技术实力强的品牌。世界上每天都有新的病毒和木马被开发出来,杀毒软件也必须每天升级才能查杀这些病毒,杀毒软件厂商的技术实力直接决定着升级的速度。另外,除了杀毒软件,选择一款功能强大的网络防火墙,也能保护本地计算机免受来自网络的各种扫描和攻击。在下一节中,将具体介绍如何选择各种安全软件。

第2节　常用安全软件简介

通过上一节的分析,我们知道,计算机和网络的世界并不安全,必须进行一定的安全防范。对于普通计算机用户来说,安装安全软件来保护自己的系统是最便捷的选择,但是每一种类型的安全软件都有自己的适用范围,因此,用户并不能指望通过安装某一款软件就能一劳永逸地保证自己的安全,只有选择一个合适的安全软件的组合,才能起到最大的保护作用,因此,我们必须首先对各种安全软件的工作原理有所了解,才能做出合适的选择。

3.2.1　常用安全软件简介

1.杀毒软件

杀毒软件,也称反病毒软件或防毒软件,是用于消除电脑病毒、特洛伊木马和恶意软件等威胁的一类软件。杀毒软件通常集成监控识别、病毒扫描和清除以及病毒库自动升级等功能,有的杀毒软件还带有数据恢复等功能。杀毒软件就是一个信息分析的系统,它监控所有的数据流动(包括:内存—硬盘网络—内存网络—硬盘),当它发现某些信息被感染后,就会清除其中的病毒。常规所使用的杀毒方法是出现新病毒后由杀毒软件公司的反病毒专家从病毒样本中提取病毒特征,通过定期升级的形式下发到各用户电脑里达到查杀效果,因此,杀毒软件需要每天定时升级病毒库,才能防范最新的病毒。

2. 防火墙

防火墙(Firewall)是指在本地网络与外界网络之间的一道防御系统，是这一类防范措施的总称。它能允许"被同意"的人和数据进入用户的网络，同时将"不被同意"的人和数据拒之门外，最大限度地阻止网络中的黑客来访问用户的网络。互联网上的防火墙是一种非常有效的网络安全模型，通过它可以使企业内部局域网与 Internet 之间或者与其他外部网络互相隔离，限制网络互访，从而达到保护内部网络的目的。防火墙可以分为软件防火墙和硬件防火墙，在个人电脑上，一般使用软件防火墙来保护系统的安全。软件防火墙单独使用软件系统来完成防火墙功能，将软件部署在系统主机上，通过设定的规则，可以阻止敏感的端口被外部计算机访问，同时也可以监控本地程序的联网情况，当某个程序首次要求访问网络时，防火墙都会发出提示，从而有效地防范木马程序偷偷连接网络。

3. 计算机安全辅助软件

计算机安全辅助软件的功能主要有清除恶意软件、修补系统漏洞、清理系统垃圾、清理使用痕迹等，是杀毒软件和防火墙的重要补充。计算机安全辅助软件的主要目标用户是计算机水平一般的普通电脑用户，对于这些用户来说，自己进行电脑优化、修补漏洞、垃圾清理等操作都过于复杂，很难掌握，而安全辅助软件把这些功能集成了起来，通过鼠标点击，可以一键操作，大大降低了用户使用的门槛，因此，也成了普通计算机用户必备的软件之一。

3.2.2　安全软件的选择

通过上文的分析，我们知道，目前网络上的安全威胁多种多样，对于普通的计算机用户来说，除了规范自身的操作习惯，尽量避免这些威胁之外，安装计算机安全软件也是必需的选择，在此，需要注意两点，一是不要寄希望于某一款安全软件就能解决全部的问题，通过上述分析可以知道，不同的安全软件应对的威胁是不同的，只有安装一套合理的"计算机安全软件套装"，才能保证安全；二是同一类型的安全软件不能安装多款，因为这些安全软件大多工作在系统层面，如果安装多个，反而会引起冲突，造成系统死机。

对于普通计算机用户来说，只需在上述的三类安全软件中每一类各选择一种产品安装，就可以构成一套合理的计算机安全防御套装。对于杀毒软件来说，常用的有卡巴斯基、Nod32、趋势、McAfee 等国际品牌，也有瑞星、金山、360 杀毒等国产品牌。目前国产杀毒软件基本都采用免费使用的方法来推广，而国际品牌都需要一定的注册费用，总的来说，国产品牌杀毒软件的技术实力和卡巴斯基等国际品牌有一定的差距，但在某些功能上更符合中国的国情，用户可以根据自己的情况来选择。对于防火墙来说，如果没有特别的需求，打开 Windows 操作系统自带的防火墙即可，如图 3-1 所示，在控制面板中可以对 Windows 自带的防火墙进行设置。如果需要更强的功能，可以选择天网防火墙、金山防火墙等软件防火墙程序。对于计算机安全辅助软件，目前国内最流行的是 360 安全卫士，另外也有 QQ 电脑管家等功能类似的产品，用户可以根据自身情况，选择一款安装即可。

图 3-1 Windows 自带防火墙设置

主要杀毒软件和主要安全软件下载地址可扫一扫本章开始处二维码浏览。

第四部分 办公软件高级应用

第一章 数据库 Access 2010

Microsoft Office Access 是由微软公司开发的中小型数据库管理系统,用于管理和查询大批量数据。Access 功能强大、方便灵活又相对简单易学,被广泛用于财务管理、库存管理、图书管理、教务管理等多个地方。

作为 Microsoft Office 套装软件中的一员,Access 主要有如下特点:

(1) 具有 Microsoft Office 软件共有的功能,可以和其他 Office 软件配合使用。

(2) 桌面中小型数据库管理系统。

(3) 可以与其他数据库系统共享数据。

(4) 提供程序设计语言 VBA,易于开发基于数据库的桌面应用程序。

Access 数据库主要由如下元素组成:

(1) 表。表是数据库最基本的组件,是存储数据的基本单元,由列、行组合而成。

(2) 查询。按照指定规则,查询可以从表和其他查询中提取相关数据,形成一个集合供用户查看。

(3) 窗体。窗体是数据库和用户之间的 Windows 界面,用于直观显示数据。

(4) 报表。报表一般用于数据统计,就是用表格、图表等形式动态显示数据。

本书使用的版本是 Access 2010,主界面如图 1-1 所示。与 Access 类似的软件有 SQL Server、DB2、Oracle 等。

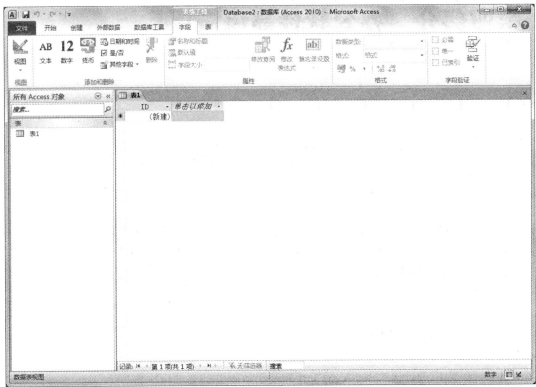

图 1-1　Access 2010 主界面

第 1 节　数据库知识

　　数据库(Database)是计算机软件系统中管理大量数据资源的系统。数据库中的数据按数据模型组织和存储,冗余较小,独立性较高,并可为多个用户共享。

　　数据库管理系统(Database Management System,简称 DBMS)是位于用户和操作系统之间的数据库管理软件。数据库管理系统包括数据组织、存储以及数据操作等功能。

　　数据库管理员(Database Administrator,简称 DBA)是从事管理和维护数据库管理系统的工作人员,负责数据库的设计、测试及部署等任务。数据库管理员的目标是保证数据库系统的稳定安全、完整和高性能。

　　数据库系统层次关系如图 1-2 所示。

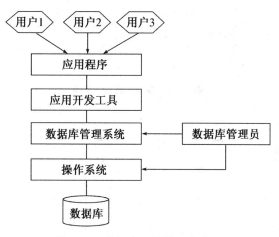

图 1-2　数据库系统的层次关系

1.1.1　数据库相关概念

1. 数据管理技术的演变

数据管理技术的演变经历了三个阶段：人工管理阶段、文件系统阶段、数据库系统阶段。数据管理技术逐步从手工到半手工发展到科学严谨的自动管理。数据库系统相对于以前的数据管理技术有如下优点：

（1）数据结构化统一存储。

（2）数据冗余度低、容易扩充。

（3）数据独立性高、高度共享。

（4）数据拥有安全性、完整性，容易从损坏中恢复。

2. 数据库系统分类

（1）非关系型数据库系统。包括层次型数据库系统和网状型数据库系统，现在一般不再使用。

（2）关系型数据库系统。采用表作为基本数据结构，在不同的表之间可以存在相互联系，一次查询可以访问多个表中的数据。现在主流数据库系统都是关系型数据库系统。

（3）对象关系模型数据库系统。将数据库技术与面向对象技术相结合，以实现对多媒体数据和其他复杂对象数据的处理。现在对象关系模型数据库系统在某些方面有特殊应用。

3. 关系数据库相关概念

（1）关系：在数据库中，一个关系存储为一张数据表。数据库由表及表之间的关系构成，如图 1-3、图 1-4、图 1-5 所示。

ID	课程编号	学号	分数	单击以添加
1	1	20140301	85	
2	1	20140302	90	
3	2	20140301	77	
4	2	20140302	98	
*	（新建）			

图 1-3　关系（表）的数据

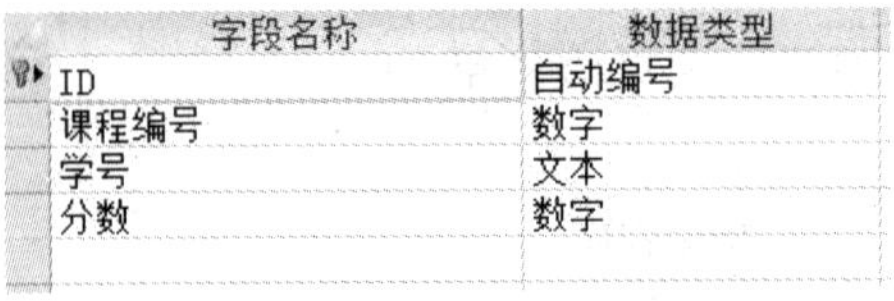

字段名称	数据类型
ID	自动编号
课程编号	数字
学号	文本
分数	数字

图1-4　关系(表)的结构

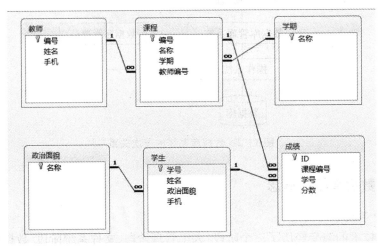

图1-5　表之间的联系

(2)属性：表中的列称为属性，每一个列都有一个属性名，对应表中的一个字段。属性不可以重名。

(3)元组：表中的行称为元组。一行就是一个元组，对应数据表中的一条记录。两个元组的数据不可以完全一样，如图1-6所示。

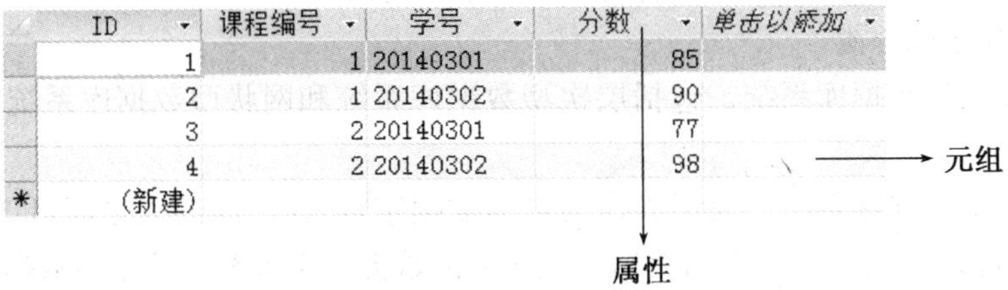

ID	课程编号	学号	分数	单击以添加
1	1	20140301	85	
2	1	20140302	90	
3	2	20140301	77	
4	2	20140302	98	
*	(新建)			

图1-6　属性及元组

(4)域：域是属性的取值范围。例如，分数的取值范围在0到100之间，性别只能取"男"和"女"。

(5)候选码：如果关系中的某个属性或属性组能唯一地标识一个元组，称该属性或属性组为候选码。例如，学生的"学号"、"身份证"、"财务编号"不可以重复，可以是"学生表"的候选码。

(6)主码(主键)：在一个关系的多个候选码中选择其中一个为主码(主键)。一张表中有且仅有一个主码。例如，"学生表"中取"学号"为主码。

(7)外码(外键)：如果表中的一个字段是另外一个表的主码或候选码，这个字段就称为外码。例如，表1-2中"宿舍"是主码，表1-1中"宿舍"是外码，"学生表"是从表，"宿舍表"是主表。

表 1-1　学生表

学号	姓名	宿舍
001	赵勇	A201
002	李剑	A201

表 1-2　宿舍表

宿舍	宿舍电话
A201	…
A203	…

4. 查询

使用 Access 提供的查询，可以根据需要检索出满足条件的记录，也可以在查询中执行计算。查询的结果也是二维表，但与数据表不同。查询仅存储查询规则，并不存储具体数据，所以查询中的数据是动态的。

Access 中查询分为以下 5 种。

（1）选择查询：从一个或多个表或者其他的查询中获取数据，并按照要求的排列次序显示。

（2）交叉表查询：可以汇总数据字段的内容，汇总计算的结果显示在行与列交叉的单元格中。交叉表查询可以计算平均值、总计、最大值或最小值等。

（3）参数查询：可以在运行查询的过程中输入参数值来设定查询准则。执行参数查询时，系统会显示一个对话框提示输入参数的值。

（4）操作查询：可以在一个操作中对查询中所生成的结果进行更改，包括删除查询、更新查询、追加查询。

（5）SQL 查询：直接使用 SQL 语句创建的查询。SQL 查询更加强大灵活。

5. 索引

索引是对数据库表中一列或多列的值进行排序的一种结构。索引与一本书前面的目录相似，能加快数据库查询执行速度。

Access 中可以对一张表的一个或多个常用查询字段添加索引。索引的代价是增加了额外的数据，数据库的容量变大。

6. SQL

SQL（Structured Query Language）即结构化查询语言，是关系数据库操作的标准语言。SQL 是各种关系数据库的通用语言（不同公司开发的数据库管理系统支持的 SQL 可能有细微差异），使用 SQL 可以完成创建数据库、创建表、删除数据、更新数据等所有数据库相关操作。SQL 的主要任务是数据查询。

SQL 查询就是直接使用 SQL 创建的查询。例如，查询学生表中所有党员的信息，SQL 语句如下。

```
SELECT 学号,姓名,政治面貌
FROM 学生
WHERE 政治面貌='党员'
```

1.1.2 数据库的规范化

数据库的规范化,又称数据库的正规化、标准化,是数据库设计中遵循的一系列原理和技术。规范化可以减少数据库中数据冗余,增进数据一致性。

主要规范化有:第一范式、第二范式和第三范式。

1. 第一范式(1NF)

第一范式要求数据库的每个字段只能存放单一值,而且每条记录都要用主键来唯一标识。

表 1-3 的设计不符合第一范式。其中"电话"属性分成了两个子属性"手机"和"家庭电话",违反了"单一值"原则。表 1-4 是符合第一范式的表。

另外任何表中必须至少有一个属性可以唯一标识元组,作为表的主键。表 1-4 中"学号"可以作为主键,主键是为了排除重复的元组。

第一范式保证了关系(表)的简单、单一,有利于数据处理高效率。现在所有关系数据库都要求创建的关系遵循第一范式,所以无法利用 Access 设计出违反第一范式的表。表 1-3只能在 Word、Excel 等表格制作工具中出现。

表 1-3 不符合第一范式的表

学号	姓名	电话	
		手机	家庭电话
001	赵勇	…	…
002	李剑	…	…

表 1-4 学生表

学号	姓名	手机	家庭电话
001	赵勇	…	…
002	李剑	…	…

2. 第二范式(2NF)

第二范式(2NF)要求数据表里的所有其他属性都要和该数据表的主键有完全依赖关系。

例如,如果表 1-5 不符合第二范式。其中"宿舍电话"依赖于"宿舍编号",是"宿舍"的电话,不是"学生"的电话,与"学生表"的主键"学号"无关。这种情况,就要为"宿舍"独立建一张表,见表 1-6、表 1-7 所示。

第二范式减少了数据冗余。表 1-5 中,如果一个宿舍有 4 名学生,则该宿舍电话会重复出现 4 次,数据重复又会带来数据处理效率低下。例如,如果要修改该宿舍电话,则必须修改 4 次。

表 1-5 不符合第二范式的表

学号	姓名	宿舍	宿舍电话
001	赵勇	A201	…
002	李剑	A201	…

表1-6 学生表

学号	姓名	宿舍
001	赵勇	A201
002	李剑	A201

表1-7 宿舍表

宿舍	宿舍电话
A201	…
A203	…

3. 第三范式(3NF)

第三范式(3NF)针对复合主键,用来检验是否所有非主键属性都完全依赖主键,而不是依赖主键的一部分。

例如,表1-8是"借书"表,任何单独的属性都可能重复,不能做主键。主键是由"学号"、"图书号"、"借书日期"组合的复合关键字,表示"某个学生某时间借了某本书"。其中"操作员"完全依赖主键,表示该操作员执行了借书操作;而"学生电话"只依赖"学号",属于部分依赖主键,所以表1-8不符合第三范式,应该分解成表1-9、表1-10两张表。

类似于第二范式,第三范式减少了数据冗余,提高了数据处理效率。

表1-8 不符合第三范式的表

学号	图书号	借书日期	学生电话	操作员
001	9787539967448	2016/4/21 8:26:47	…	A001
002	9787539967431	2016/5/21 10:26:49	…	A001

表1-9 借书表

学号	图书号	借书日期	操作员
001	9787539967448	2016/4/21 8:26:47	A001
002	9787539967431	2016/5/21 10:26:49	A001

表1-10 学生表

学号	姓名	电话
001	赵勇	…
002	李剑	…

规范化的二维表格有如下特点:

(1) 任意两行内容不能完全相同。

(2) 不能有名称相同的列。

(3) 每一列都是不可分的,不允许表中嵌套表。

(4) 同一列的值取自同一个定义,其域相同。

(5) 所有其他属性必须且完全依赖主键。

（6）关系中交换任意两行的位置不影响数据的实际含义。

（7）关系中交换任意两列的位置不影响数据的实际含义。

1.1.3 数据的完整性约束

数据的完整性约束是一组完整性规则的集合，以限定数据库中数据的变化，用以保证数据的正确、有效、相容，包括：实体完整性、参照完整性、用户定义完整性。

1. 实体完整性

关系中必须有主键，且各个元组的主键不允许取空值、不允许重复。见表 1-11 所示，若以"姓名"做主键，可能出现重复姓名（班级有两个叫"赵勇"的学生），不符合实体完整性，可以用"手机"作为主键，学生的手机号码不会重复。

表 1-11 不符合实体完整性的表

姓名	手机	家庭地址
赵勇	…	…
李剑	…	…
赵勇	…	…

2. 参照完整性

为保持数据的一致性，相关联的关系主键与外键必须保持完全一致。

例如，表 1-13 是主表，存储了所有的宿舍信息；表 1-12 是从表，其中的"宿舍"只能来自"宿舍表"。现在"学生表"中出现了"B201"宿舍，此编号在"宿舍表"中没有出现，则不符合参照完整性。

参照完整性要求从表中的外键与主表的主键要严格一致。主表主键修改时，从表要级联更新；主表删除记录时，从表要级联删除。

表 1-12 学生表

学号	姓名	宿舍
001	赵勇	A201
002	李剑	B201

表 1-13 宿舍表

宿舍	宿舍电话
A201	…
A203	…

3. 用户定义完整性

用户自行定义对数据的约束条件，保证数据的合法性。例如，用户可以规定，成绩只能在 0 到 100 之间，性别只能取"男"和"女"，姓名最多有 5 个字符，等等。

第 2 节 "班级数据"数据库设计

为了管理班级学生的成绩设计"班级数据"数据库，涉及学生、课程、教师、成绩等几个方面的数据。

设计表一般按照如下 3 个步骤：

步骤一 设计表中字段名、字段类型。

步骤二 设计字段的属性。

步骤三 设计表之间的字段联系。

1.2.1 设计表

Access 的数据类型见表 1-14 所示。首先根据字段含义选择合适的类型，然后针对不同类型选择其合适属性，见表 1-15 所示。一般来说，"文本"类型比较常用。

表 1-14 Access 数据类型

数据类型	用法	大小
文本	字母、数字、字符等文本	最多 255 个字符
备注	表示大量文本	最多约 1 GB
数字	数字	可选整形、长整形、小数等
日期/时间	日期和时间	8 个字节
货币	货币	8 个字节
自动编号	自动为每条新记录生成唯一编号	4 个字节
是/否	真/假	1 个字节
OLE 对象	程序中的图片、图形或 ActiveX 对象	最大 2 GB
超链接	链接地址	最多 8 192 个字符
附件	附加图片、文档、电子表格或图表等文件	最大约 2 GB
计算	创建一个或多个字段中数据的表达式	取决于结果类型的数据类型
查阅向导	启动向导，定义简单或复杂的查阅字段	取决于查阅字段的数据类型

表 1-15 常用属性

属 性	作 用
字段大小	设置文本、数字等类型字段中数据的范围
格式	控制显示和打印数据格式
小数位数	指定数据的小数位数，默认值是"自动"
输入掩码	用于指导和规范用户输入数据的格式
默认值	指定数据的默认值
有效性规则	用户输入的数据必须满足的表达式
有效性文本	当输入的数据不符合有效性规则时，要显示的提示性信息
必填字段	该属性决定是否出现 Null 值
允许空字符串	决定文本和备注字段是否可以等于零长度字符串
索引	决定是否建立索引及索引的类型

"班级数据"数据库包括"学生"、"政治面貌"、"教师"、"课程"、"学期"、"成绩"等六张表。
表结构具体情况如下：

1. "学生表"

主键：学号。结构如图1-7、表1-16所示。

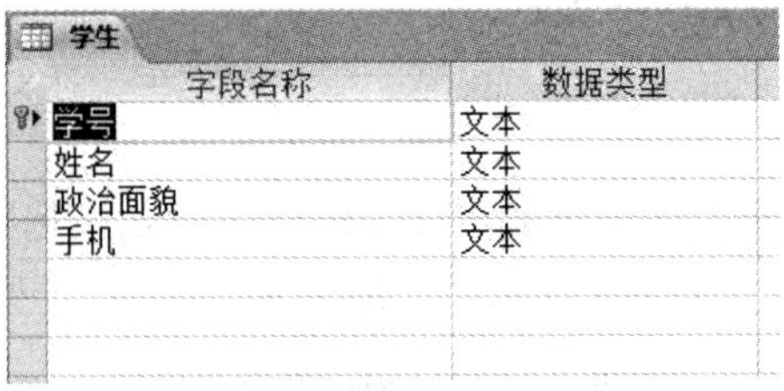

图1-7 "学生表"字段列表

表1-16 "学生表"中字段设置

字段	属性	属性值	目的
姓名	索引	有（有重复）	经常根据姓名查询
政治面貌	默认值	团员	大部分学生是团员

2. "政治面貌表"

主键：名称。结构如图1-8所示。

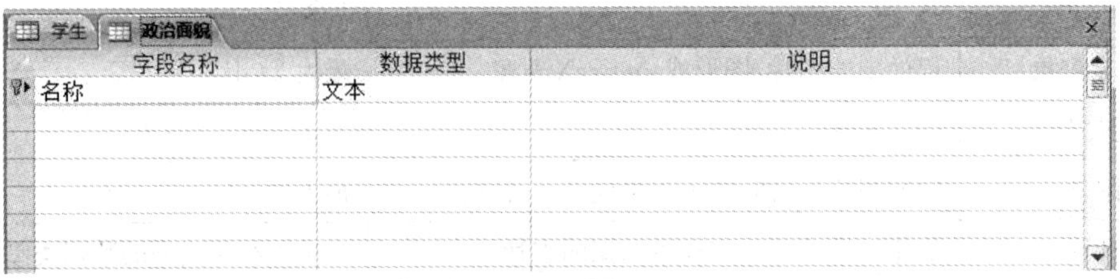

图1-8 "政治面貌表"字段列表

3. "教师表"

主键：编号。结构如图1-9、表1-17所示。

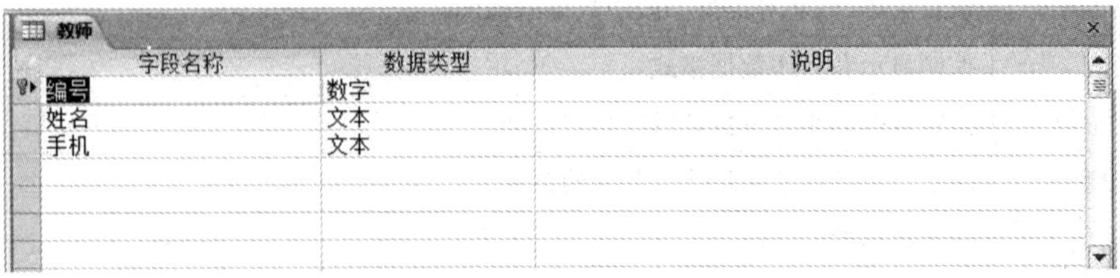

图1-9 "教师表"字段列表

表1-17 "教师表"中字段设置

字段	属性	属性值	目的
姓名	索引	有（有重复）	经常根据姓名查询

4. "课程表"

主键:编号。结构如图 1 - 10 所示。

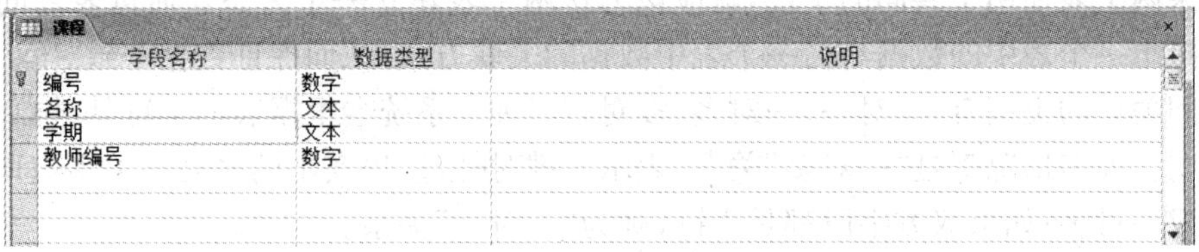

图 1 - 10　"课程表"字段列表

5. "学期表"

主键:名称。结构如图 1 - 11 所示。

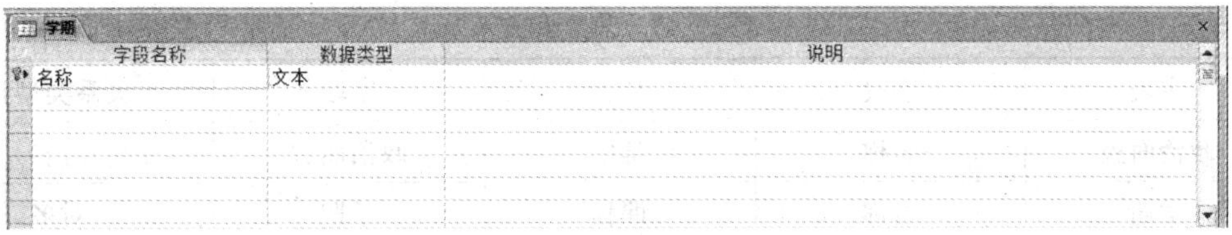

图 1 - 11　"学期表"字段列表

6. "成绩表"

主键:ID。结构如图 1 - 12、表 1 - 18 所示。

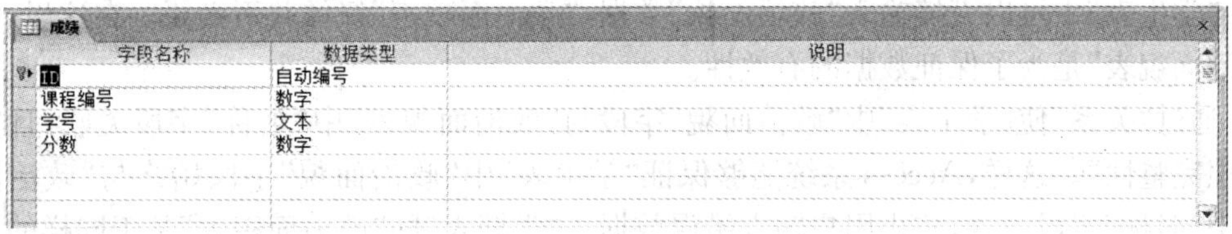

图 1 - 12　"成绩表"字段列表

主键 ID 的类型是"自动编号",此字段的数据不必也不能输入,系统自动生成,并保证唯一。学生的所有成绩都在这张表中,记录过多,不可能人工编号,这时设置成"自动编号"。

表 1 - 18　"成绩表"中字段设置

字段	属性	属性值	目的
分数	有效性规则	>=0 And <=100	分数的范围
分数	有效性文本	分数在 0 到 100 之间	提示的错误信息
课程编号	索引	有(有重复)	经常据此查询
学号	索引	有(有重复)	经常据此查询
分数	索引	有(有重复)	经常据此查询

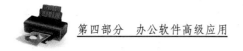

1.2.2　设计表之间的关系

如果两个表使用了共同的字段，就应该为这两个表建立一个关系。通过表之间的关系就可以指出一个表中的数据与另一个表中数据的关联方式，从而保证数据一致。

表间关系的类型有：一对一、一对多、多对多三种。系统会根据表的主键外键自动判定，无须指明。大多情况都是"一对多"关系，表示主键对外键，现实中的多对多关系应该在设计时分解成一对多；如果双方字段都是主键，则为"一对一"关系。

通过"关系"可以实施"参照完整性"，保证数据一致。"班级数据"数据库中各表之间关系见表 1-19 所示。

(1) 主表：关系所在的一方，字段是主键。

(2) 从表：关系所在的另一方，字段是外键。

表 1-19　表之间关系

主表	字段	从表	字段	关系类型
政治面貌	名称	学生	政治面貌	一对多
学期	名称	课程	学期	一对多
教师	编号	课程	教师编号	一对多
课程	编号	成绩	课程编号	一对多
学生	学号	成绩	学号	一对多

"学生表"中可以直接输入"政治面貌"数据，"政治面貌表"好像并不必要。在这里，设计"政治面貌表"是为了保证数据的有效性。

通过"关系"使"学生表"中"政治面貌"字段与"政治面貌表"中"名称"字段关联，且实施"参照完整性"。这样，Access 系统能够保证"学生表"中"政治面貌"字段始终与"政治面貌表"中"名称"字段一致，防止用户输入错误数据。"学期表"同"政治面貌表"基于同样的目的设计。

根据数据库设计"成绩表"中数据结构，如图 1-13 所示，看上去好像不知所云，正常的成绩表应该是如图 1-14 所示。为什么要这样设计呢？有如下两个原因：

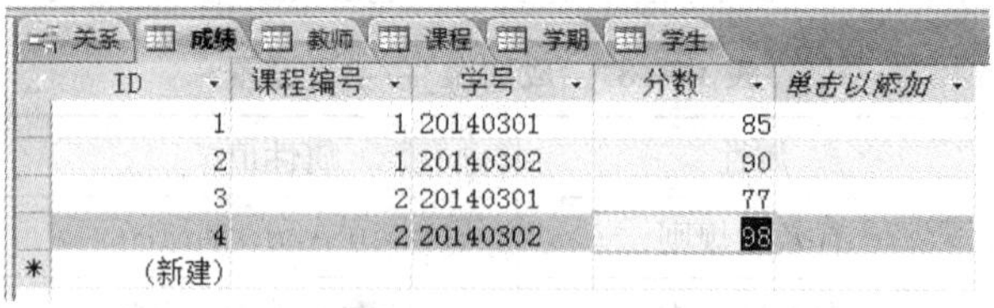

ID	课程编号	学号	分数	单击以添加
1	1	20140301	85	
2	1	20140302	90	
3	2	20140301	77	
4	2	20140302	98	
(新建)				

图 1-13　"成绩表"中的数据

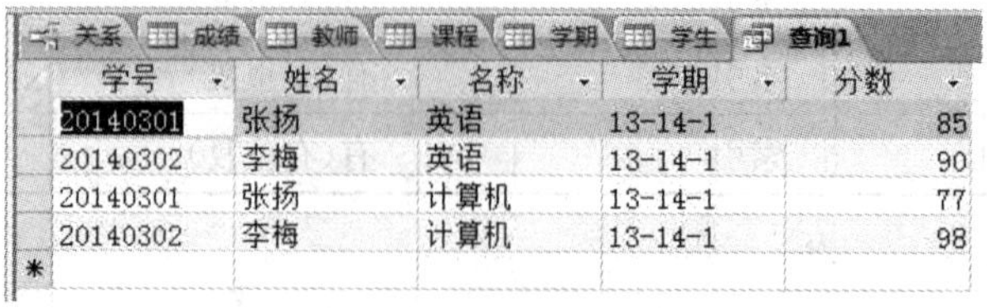

学号	姓名	名称	学期	分数
20140301	张扬	英语	13-14-1	85
20140302	李梅	英语	13-14-1	90
20140301	张扬	计算机	13-14-1	77
20140302	李梅	计算机	13-14-1	98

图 1-14　查询得到的"成绩表"

（1）图 1－14 中的数据可以通过查询得到，并且可以查询到不同的显示结果。例如，可以包含教师信息、课程信息。利用查询得到的结果更灵活，而查询并不占用多余空间。

（2）如果设计时"成绩表"中包含学生、课程和教师的信息，则会数据冗余，和其他表中的数据重复，不符合数据库设计范式。数据冗余不仅会增加数据库的大小，而且很难保证多张表中数据一致。

第 3 节　创建"班级数据"数据库

1.3.1　创建表

首先创建空数据库，如图 1－15 所示，然后设计表。在 Access 中，表是存储数据最基本的单元。

图 1－15　创建数据库

1. 创建空数据库

在 Access 2010 主窗口中，单击"文件"→"新建"→"空数据库"。在右下窗格的文本框中输入数据库的名称"班级数据.accdb"，如图 1－15 所示。

".accdb"是 Access 2010 数据库文件的扩展名。

如果要更改文件的保存路径，可单击"浏览"图标进行更改。然后，单击"创建"按钮完成任务，进入 Access 2010 主界面，如图 1－16 所示。

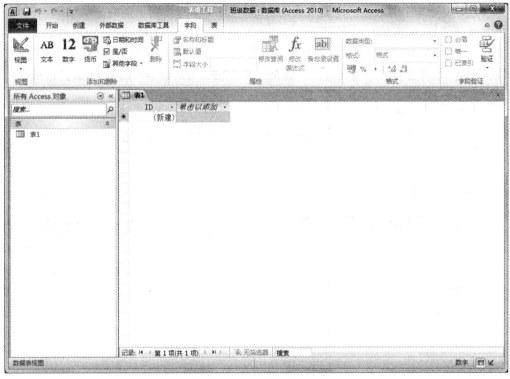

图 1-16　Access 2010 主界面

2. 使用"设计视图"创建表

创建完成新数据库后,系统自动创建了一个名称为"表 1"的数据表,并以数据表视图方式打开。对于新创建的表,一般先在"设计视图"设计表的结构。

选中"表 1"单击鼠标右键→点击"设计视图",如图 1-17 所示。输入表名称"学生"后,

图 1-17　"设计视图"界面

就可以对表 1 进行表结构设计,如图 1-18 所示。

在"创建"选项卡,单击"设计"按钮,直接在"设计视图"创建一张新表。

图 1-18 表设计视图

3. 输入字段名称及类型

在"字段名称"列输入名称,在"数据类型"列选择数据类型,如图 1-19 所示。

图 1-19 "学生表"结构

4. 设置字段的属性

字段属性表示字段所具有的特性,它决定了如何存储和显示字段中的数据。在表设计视图,选中相应的字段,下面会出现属性界面,如图 1-20 所示。

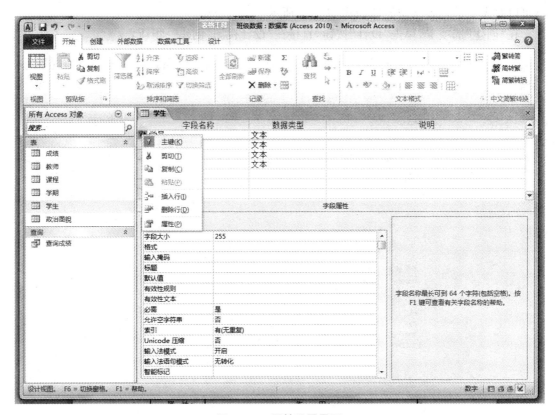

图 1 - 20　属性设置界面

5. 设置主码（主键）

每张表中有且仅有一个主键，来唯一标识一条记录，则字段的值在表中不能为空且不能重复，在设计视图中该字段左侧出现"钥匙"形状的图标。默认情况下，第一个字段为主键，更改主键则在字段左侧点击鼠标右键，选择"主键"，如图 1 - 21 所示。

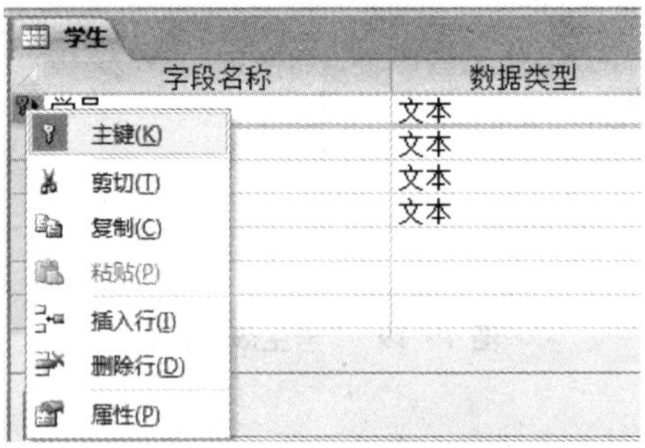

图 1 - 21　更改主键

1.3.2　创建表之间的关系

"数据库工具"组，单击功能栏上的"关系"按钮，打开"关系"窗口，如图 1 - 22 所示。单击功能栏上的"显示表"按钮或在窗口空白处点击鼠标右键，打开"显示表"对话框，依次选中每张表,点击"添加",如图1-23所示,关闭"显示表"窗口。

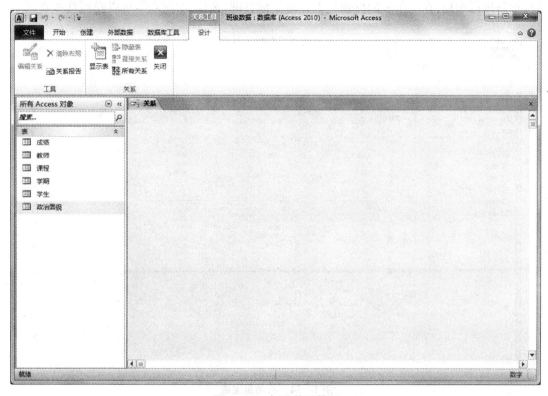

图1-22 打开关系界面

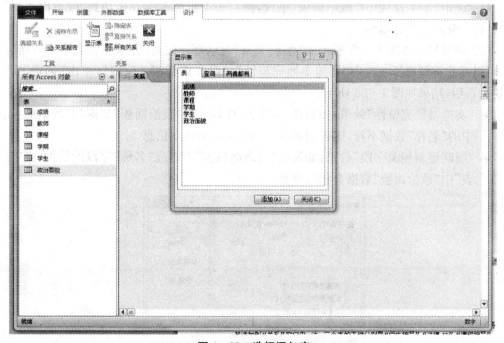

图1-23 选择添加表

连接关系,添加完成后的界面如图 1-24 所示,拖动每张表的标题栏,可以移动表的位置,重新进行布局,在每张表的标题栏上点击鼠标右键,选择"隐藏表",可以隐藏这张表。

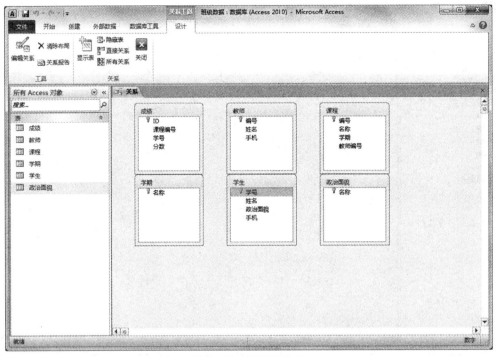

图 1-24 添加表完成

(1)选定"学生表"中的"政治面貌"字段,然后按下鼠标左键并拖动到"政治面貌表"中的"名称"字段上,松开鼠标。

(2)屏幕显示如图 1-25 所示的"编辑关系"对话框。此时,如果两张表中字段选择错误,可以在此重新选择。选中"实施参照完整性"、"级联更新相关字段",单击"创建"实施。创建关系后,结果如图 1-26 所示。

➢ "实施参照完整性"效果:如果在"学生表"中输入的"政治面貌"数据与"政治面貌表"中的"名称"数据不符,则提示如图 1-27 所示的错误信息。

➢ "级联更新相关字段"效果:如果在"政治面貌表"中修改"名称"字段的数据,则"学生表"中"政治面貌"数据会相应更新。

图 1-25 编辑关系

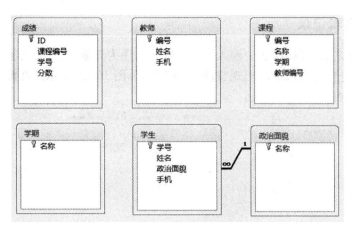

图 1-26 "学生"与"政治面貌"关系

图 1-27 实施参照完整性

（3）依次添加关系，结果如图 1-28 所示。

（4）单击"保存"按钮，保存表之间的关系，单击"关闭"按钮，关闭"关系"窗口。

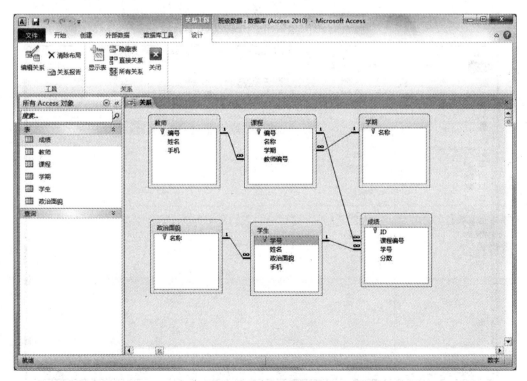

图 1-28 完整关系图

1.3.3 编辑记录

完成表设计之后,开始向表中输入数据。输入顺序为先输入主表,再输入从表。

步骤一 双击左侧表名称,出现"数据表视图",如图1-29所示。在此界面下可以输入新记录、修改原有记录、删除记录。

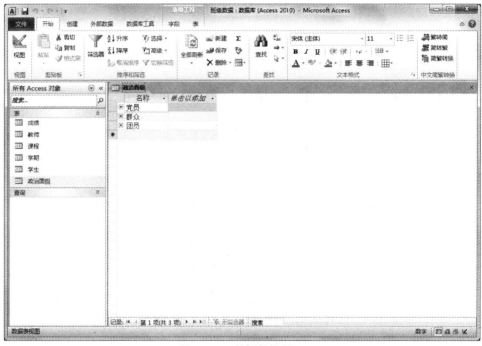

图1-29 编辑数据界面

图1-30 删除记录

步骤二 点击原有记录可以编辑。

步骤三 点击记录最左侧，选中一条记录后才可以删除此记录，可以点击鼠标右键，如图 1－30 所示。也可以使用选项卡上的“删除”按钮，删除记录后不能恢复，谨慎删除。

步骤四 依次按如图 1－31 至图 1－36 所示，输入相应数据。

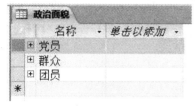

名称	单击以添加
党员	
群众	
团员	

图 1－31 “政治面貌表”数据

学号	姓名	政治面貌	手机	单击以添加
20140301	张扬	党员	13912154874	
20140302	李梅	团员	13745586985	
		团员		

图 1－32 “学生表”数据

名称	单击以添加
13-14-1	
13-14-2	
14-15-1	

图 1－33 “学期表”数据

编号	姓名	手机	单击以添加
1	李老师	13512415874	
2	张老师	13945784512	
3	王老师	14514158945	

图 1－34 “教师表”数据

编号	名称	学期	教师编号	单击以添加
1	英语	13-14-1	1	
2	计算机	13-14-1	2	

图 1－35 “课程表”数据

ID	课程编号	学号	分数	单击以添加
1	1	20140301	85	
2	1	20140302	90	
3	2	20140301	77	
4	2	20140302	98	
(新建)				

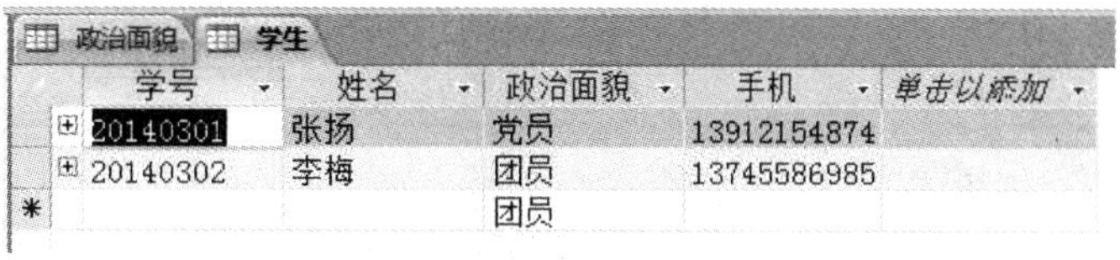

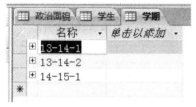

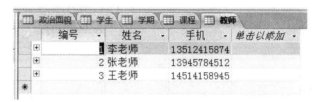

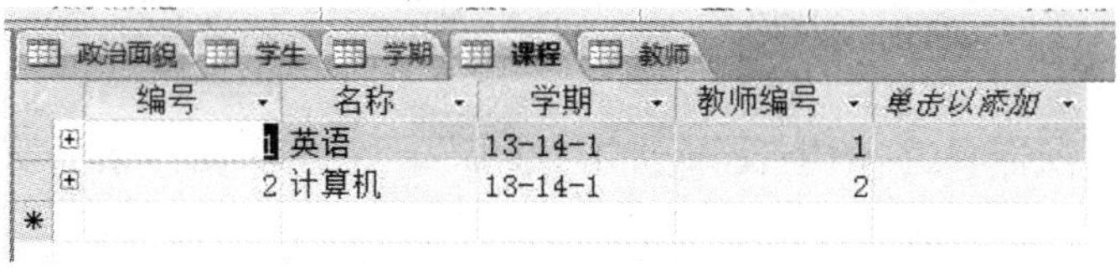

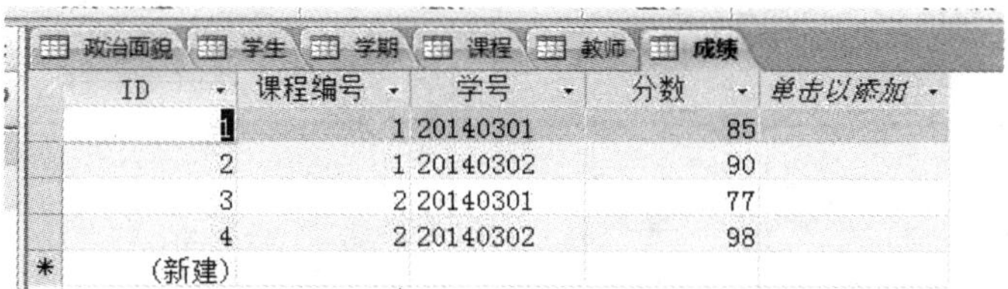

图 1－36 “成绩表”数据

第 4 节 创建查询

完成数据输入之后，开始创建查询，把需要的信息随时查询出来。查询是数据库功能强大的工具。

1.4.1 带条件的查询

需要知道班级所有党员的信息。

步骤一 “创建”选项卡中点击“查询设计”，出现如图 1－37 所示的界面。

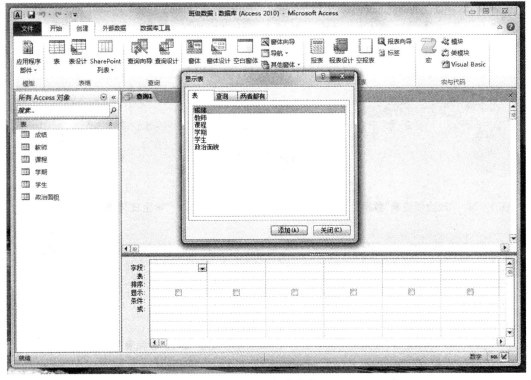

图 1 - 37　创建查询

步骤二　选择所需要的"学生表"→点击"添加"→点击"关闭",结果如图 1 - 38 所示。

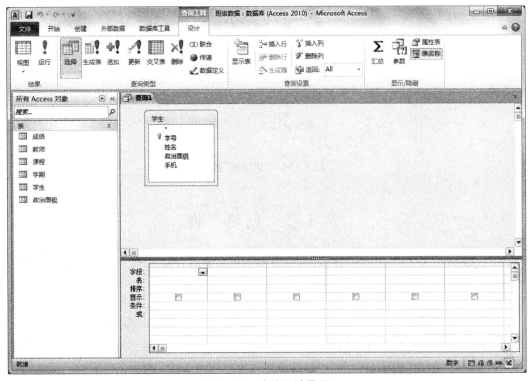

图 1 - 38　查询设计界面

界面元素含义：

➢ 字段：查询结果中使用的字段。

➢ 表：该字段所在的表或查询。

➢ 排序：指定是否按此字段排序。

➢ 显示：确定该字段是否在结果中显示。

➢ 条件：指定对该字段的查询条件。

➢ 或：指定其他查询条件。

步骤三　双击"学生表"中"学号"、"姓名"、"政治面貌"等字段，将它们依次添加到"字段"行的第 1～3 列上，如图 1－39 所示。

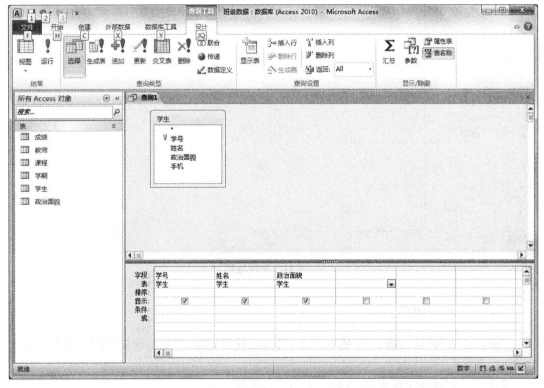

图 1－39　选择字段

步骤四　在"条件"行"政治面貌"列输入"党员"，如图 1－40 所示。引号不必输入，自动添加。

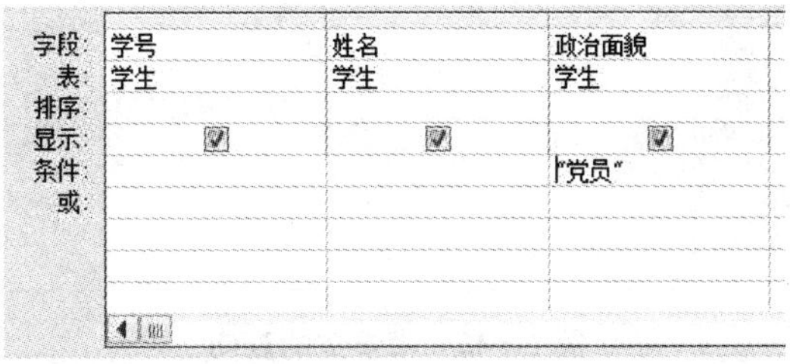

图 1－40　输入条件

步骤五 单击"保存"按钮,在"查询名称"文本框中输入"学生党员",单击"确定"按钮,保存查询。

步骤六 选择窗口左下"查询"栏,双击"学生党员",查看查询结果,如图 1-41 所示。

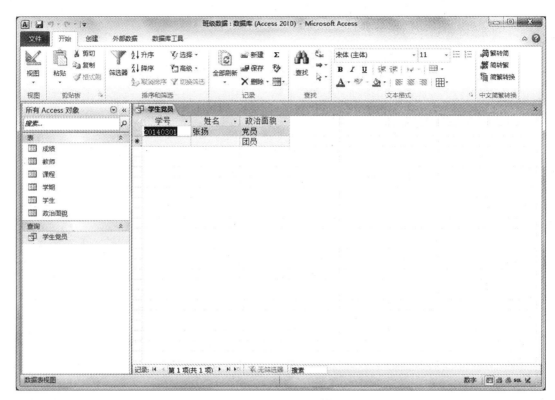

图 1-41 查询结果

1.4.2 带参数的查询

需要知道各种"政治面貌"有哪些同学,查询之前需要输入"政治面貌"内容,根据输入查询结果。

步骤一 创建并保存查询"查询政治面貌",步骤如前。

步骤二 在"政治面貌"字段的条件行中输入"[请输入要查询的政治面貌]",结果如图 1-42 所示。

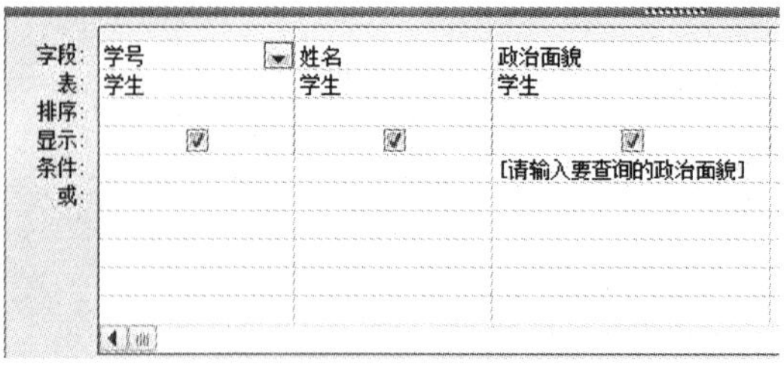

图 1-42 带参数的查询

步骤三 保存并双击查询名称,出现如图 1-43 所示的界面。输入"团员"等政治面貌信息,点击"确定",结果如图 1-44 所示。

图 1-43 输入查询条件

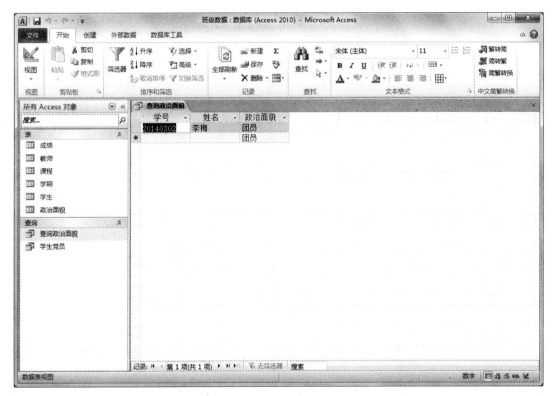

图 1-44 输入"团员"后查询结果

1.4.3 多表查询

想知道某门课程学生的成绩,并按分数降序排列,查询结果需要显示学生的信息、课程的信息以及分数,这些结果分布在不同表中。

步骤一 创建查询。在如图 1-45 所示的界面选择添加"学生"、"课程"、"成绩"三张表,结果如图 1-46 所示。

图 1-45 选择多张表

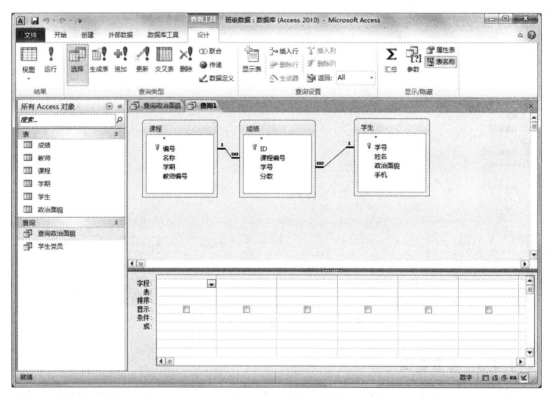

图 1-46 多表查询

步骤二 双击选择各张表中需要的字段,结果如图 1-47 所示。

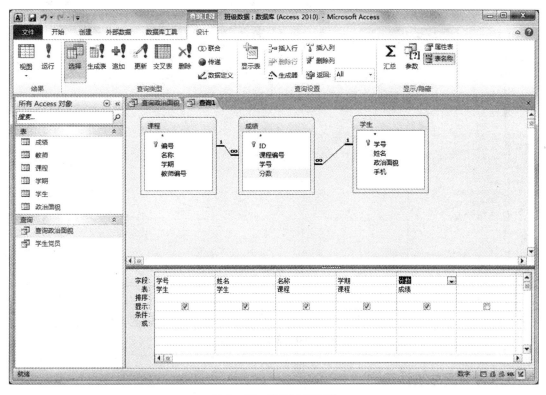

图 1-47 选择显示字段

步骤三 把"课程表"中"名称"字段作为输入参数,步骤同前,如图 1-48 所示。

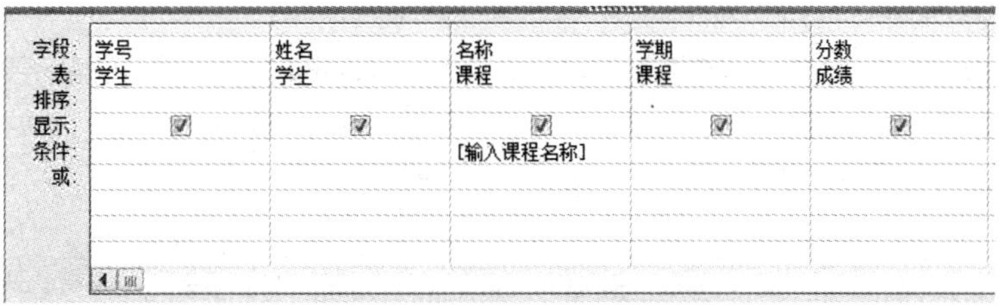

字段:	学号	姓名	名称	学期	分数	
表:	学生	学生	课程	课程	成绩	
排序:						
显示:	☑	☑	☑	☑	☑	
条件:			[输入课程名称]			
或:						

图 1-48 课程名称作为参数

步骤四 在"成绩表""分数"列排序行选择"降序",如图 1-49 所示。

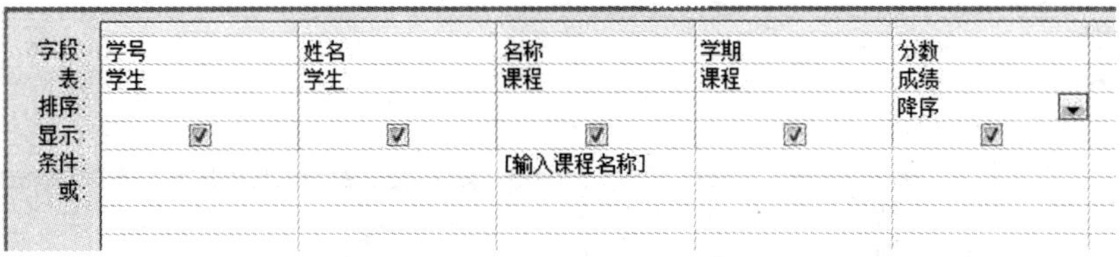

字段:	学号	姓名	名称	学期	分数	
表:	学生	学生	课程	课程	成绩	
排序:					降序	▼
显示:	☑	☑	☑	☑	☑	
条件:			[输入课程名称]			
或:						

图 1-49 排序参数

步骤五 保存为"查询课程成绩",双击运行,输入"计算机",结果如图 1-50 所示。

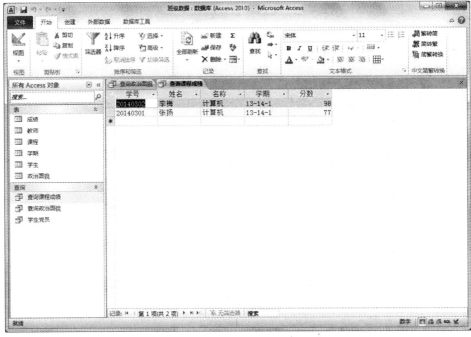

图 1-50 多表查询结果

1.4.4 汇总统计查询

查询"13-14-1"学期所有课程的平均成绩。

步骤一 创建名为"13-14-1学期平均成绩"的查询。选择"成绩表"和"课程表",如图 1-51 所示。

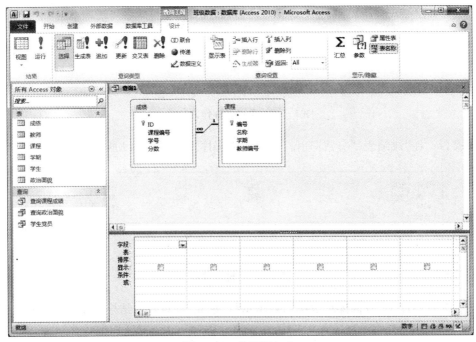

图 1-51 选择添加表

步骤二　选择需要显示的字段,并输入学期参数,步骤同前,如图 1-52 所示。

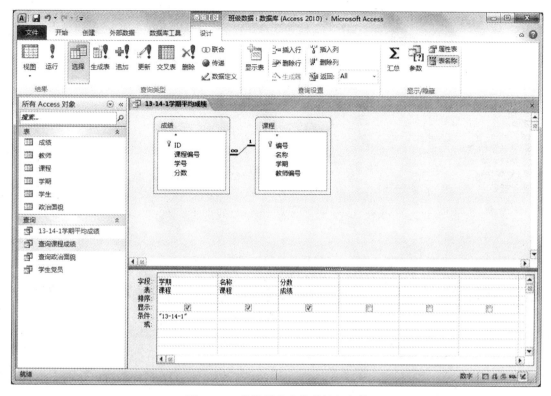

图 1-52　选择显示字段并输入条件

步骤三　点击"查询工具设计"选项卡中"汇总"按钮,结果如图 1-53 所示。

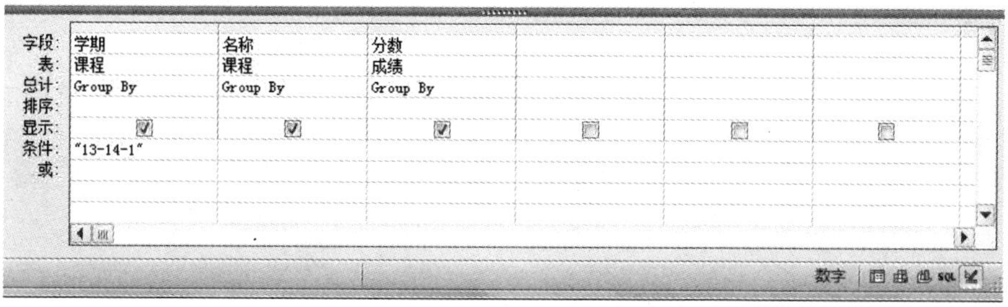

图 1-53　点击汇总

步骤四　对各列的总计一行进行设置,如图 1-54 所示。"Group by"表示分组,"平均值"表示计算。

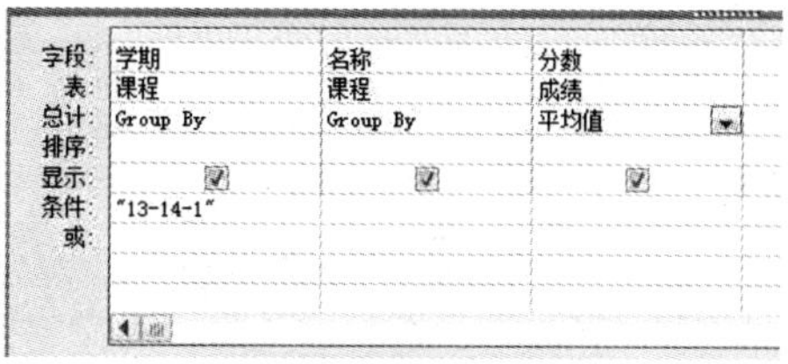

图 1-54　设置汇总

步骤五　保存并双击运行,结果如图1-55所示。

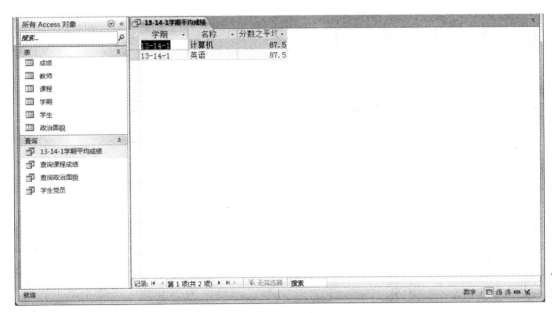

图1-55　汇总结果

第二章　邮件处理 Outlook 2010

Microsoft Office Outlook 是 Microsoft Office 套装软件的组件之一,是可以完美满足商业用户使用的邮件客户端软件。Outlook 可以完成收发电子邮件、管理联系人信息、安排任务等与电子邮件相关的工作。使用 Outlook 用户可以集成和管理多个电子邮件账户,方便查找和组织邮件信息。Outlook 与 Internet Explorer 及 Microsoft Office 中的其他应用程序可以完美交互和集成,可以帮助用户更有效地交流和共享信息。

Outlook 基于多个 Internet 标准,支持目前最重要的电子邮件和新闻标准,包括 MHTML、NNTP、MIME、vCalendar、iCalendar 等。Outlook 完全支持 HTML 邮件,支持 SMTP、POP3、IMAP4、Exchange Server 等通用邮件标准。Outlook 支持其他基于标准的消息处理应用程序接口的通信系统,包括语音邮件。

本书使用的版本是 Outlook 2010,主界面如图 2-1 所示。与 Outlook 功能类似的软件有 Foxmail、Mozilla Thunderbird、网易闪电邮等。

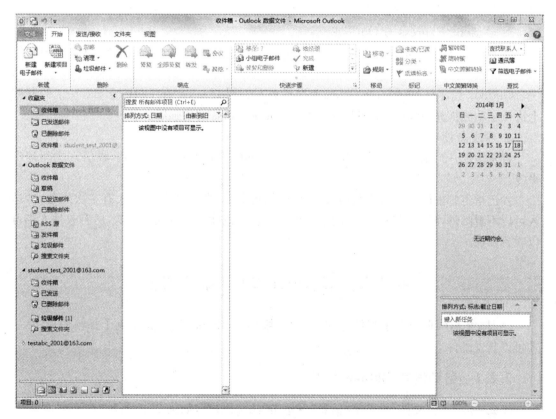

图 2-1　Outlook 2010 主界面

第1节　电子邮件相关概念

1. 电子邮件地址

电子邮件地址由收信人姓名、收信人地址组成,如同生活中用到的收信地址。结构为:用户名@邮件服务器网址。

例如,teacher_test_2001@163.com。teacher_test_2001是用户名,163.com是邮件服务器网址。

用户名是用户在邮件服务器上申请的账号,而邮件服务器网址是电子邮件供应商的标识。

2. 电子邮件账户与Outlook账户

在某网站(如:http://mail.163.com/)注册了电子邮箱后,就拥有了该网站的电子邮件账户,由相应供应商提供电子邮件收发服务。登入该网站,输入账户名和密码,就可以进行网页版的电子邮件收发。

拥有QQ账号,可以自动拥有QQ邮箱。邮箱地址为:QQ账号@qq.com。

Outlook不是电子邮箱的提供者,它是一个管理电子邮件的程序,使用Outlook收发电子邮件方便快捷。在Outlook中添加的账户必须和已有的电子邮件账户关联,Outlook可以对多个电子邮件账户进行管理。

3. Outlook Express与Outlook

Outlook Express是Windows操作系统自带的电子邮件客户端,功能简单,无须另行购买。

Outlook程序是Microsoft Office套装软件的组件之一,它在Outlook Express的基础上进行了功能扩充。Outlook可以说是Outlook Express的增强版。

4. 群发与抄送

群发指把一封邮件同时发送给多个人,发送的邮件针对所有收信人,收信人之间地位平等。

抄送指将邮件同时发送给收信人以外的被抄送人。收信人与抄送人有主次之分,抄送人可以不看邮件,只需要关注一下动态就可以了。无论使用群发还是抄送,所有收件人都可以收到邮件。

第2节　Outlook 2010账户配置

Outlook与网页版电子邮件不同,必须先添加Outlook账户,关联电子邮箱账户,然后才可以收发邮件。

2.2.1　自动设置Outlook账户

步骤一　单击"文件"→单击"信息"→单击"添加账户",如图2-2所示。

图 2 - 2　添加账户

步骤二　在弹出的"添加新账户"对话框中输入相应信息,需要输入"您的姓名"、"电子邮件地址"、"密码"、"重复键入密码"等选项,如图 2 - 3 所示。

其中"您的姓名"是非重要信息,可以根据个人喜好填写,其他信息必须与电子邮件账户吻合。

图 2 - 3　填写 Outlook 邮件账户信息

步骤三　单击"下一步",Outlook 会自动选择相应的配置信息,如图 2 - 4 所示。

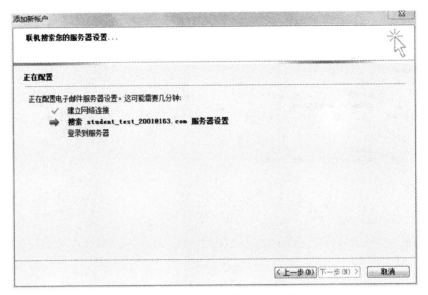

图 2 - 4　系统自动配置邮件账户信息

步骤四　如果配置成功,则会出现如图 2 - 5 所示界面,单击"完成",账户添加成功,在主界面上会显示相应账户信息。有时候找不到对应的服务器,就需要手动配置。

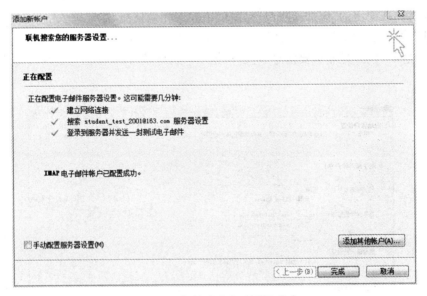

图 2 - 5　邮件账户自动配置成功

2.2.2　手动设置 Outlook 账户

如果自动添加账户成功可以跳过此步骤。

步骤一　手动配置账户。在如图 2 - 6 所示的界面选择"手动配置服务器设置或其他服务器类型",单击"下一步"。

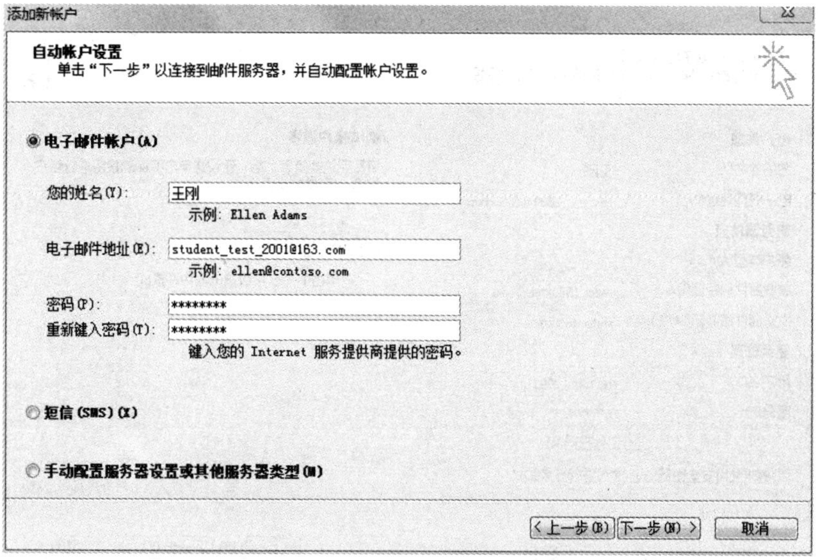

图 2-6 选择手动配置账户界面

步骤二 出现如图 2-7 所示界面,选择第一项,单击"下一步"。

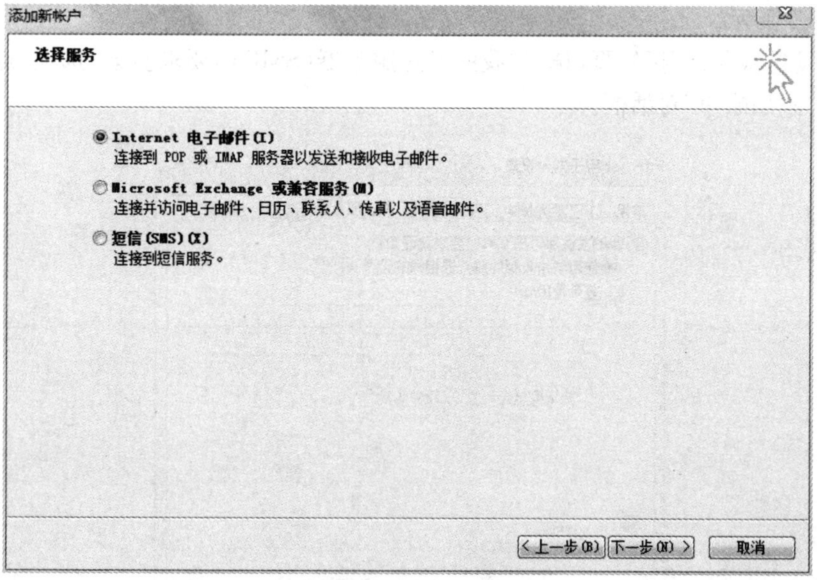

图 2-7 选择邮件服务

步骤三 根据自己电子邮件服务器信息,填写如图 2-8 所示界面。然后点击"测试账户设置…"按钮进行测试。

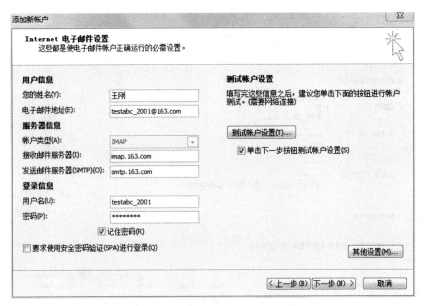

图 2-8 手动填写邮件账户详细信息

步骤四 如果测试不成功,点击"其他设置"按钮,弹出"Internet 电子邮件设置"对话框,如图 2-9 所示。

选择"发送服务器"标签页,选择"我的发送服务器(SMPT)要求验证"选项,点击"确定"按钮,返回"添加账户"对话框。

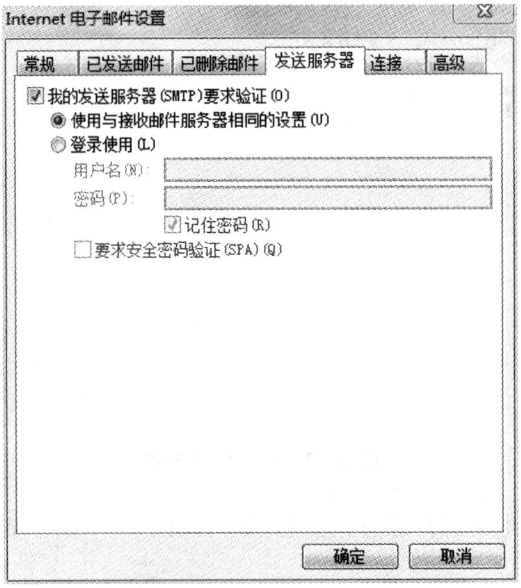

图 2-9 邮件账户其他设置

步骤五 在"添加账户"对话框中再次点击"测试账户设置…"按钮,此时测试成功,点击"下一步"设置测试账户,成功后点击"完成"按钮,完成账户设置,如图 2-10 所示。

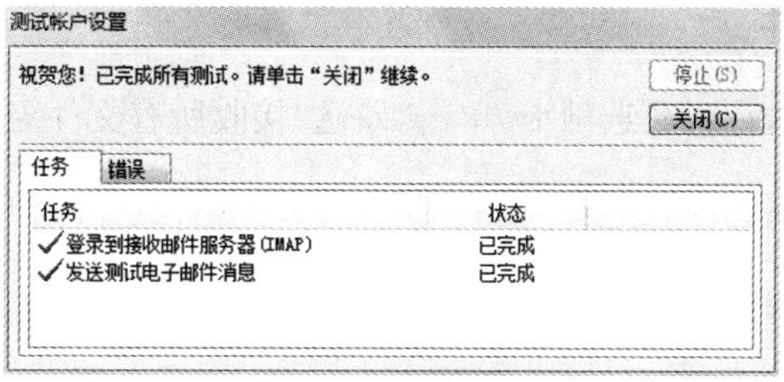

图 2 - 10 测试账户成功

2.2.3 Outlook 账户配置

新账户添加完成之后,可以对账户配置进一步完善,步骤如下。

步骤一 点击"文件"→"信息"下的"账户设置"按钮,弹出"账户设置…"菜单,选中该菜单,弹出"账户设置"对话框,如图 2 - 11 所示。

图 2 - 11 账户设置

步骤二 在"账户设置"对话框中,选中"电子邮件"标签。选中相应的账户可以进行"修复"、"更改"、"设为默认值"、"删除"等操作。"设为默认值"即设置在 Outlook 中默认用此账户发送邮件。

在这里也可以新建另一个账户,步骤同前面"添加账户"。

第 3 节 使用 Outlook 2010 收发邮件

可以在 Outlook 中添加多个账户,并把其中一个账户设为默认值,用于默认发送邮件的账户,然后开始使用 Outlook 接收发送邮件。

2.3.1 接收邮件

步骤一 点击"发送/接收"选项卡,单击"发送/接收所有文件夹",如图 2-12 所示。

图 2-12 接收邮件

步骤二 接收成功后,如果有新邮件,会在界面左下角相应的账户下显示新邮件数量。展开相应账户,点击"收件箱",选择相关邮件阅读,如图 2-13 所示。

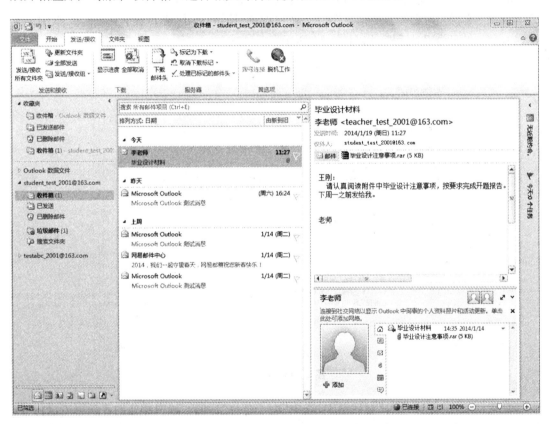

图 2-13 邮件主界面

步骤三 双击相应邮件,进入邮件详情界面,展示邮件所有信息,如图 2-14 所示。

步骤四 点击相应附件,如"毕业设计注意事项",会进入"附件工具"界面。

可以对附件进行"打开"、"另存为"、"保存所有附件"、"删除附件"等操作,如图 2-15 所示。

图 2 - 14　邮件详情

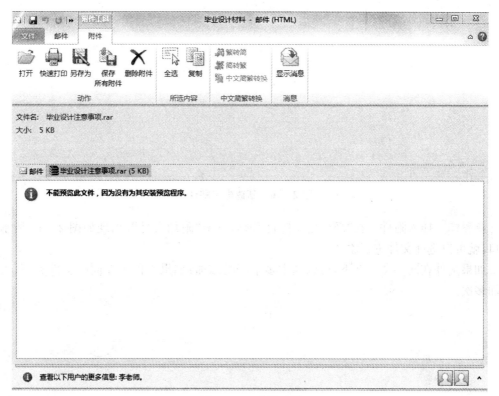

图 2 - 15　附件工具

2.3.2　发送邮件

1.新建邮件

步骤一　单击"开始"菜单,单击"新建电子邮件",在如图 2-16 所示界面中先填写"收件人…"、"主题"及附件信息。

> "收件人…"中填写收件人邮件地址。

> "主题"表示此邮件的主要信息是什么,为了方便收件人阅读,需要尽量用言简意赅的语言描述。

> "附件"表示随此邮件发送的文件可以有多个。

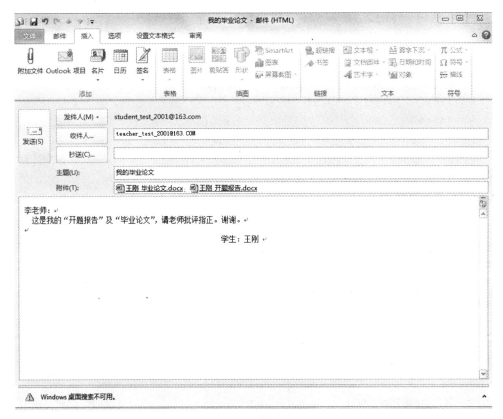

图 2-16　新建电子邮件

步骤二　插入附件。在"新建电子邮件"窗口点击"附加文件",出现如图 2-17 所示的窗口,就可以选择文件进行添加。

如果文件在同一文件夹下,可以选中多个同时添加;如果文件不在同一文件夹下,可以添加多次。

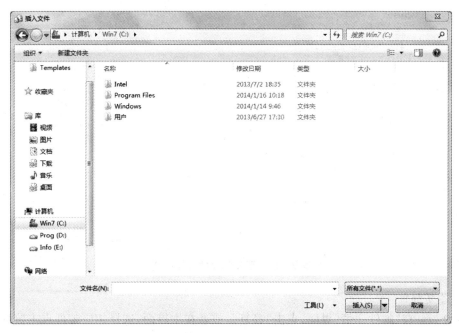

图 2-17 插入附件

步骤三 在"插入"导航窗口中可以插入"表格"、"图片"、"图表"等信息。

电子邮件可以图文并茂,引人注目的视觉效果可以轻松传达信息。Outlook 还包括图片编辑工具,用于修改电子邮件中的图像,如图 2-18 所示。

图 2-18 插入窗口

Outlook 支持设置个性化的信纸,让自己的邮件拥有独特的样式。

单击"文件"→"选项"→"邮件"→"信纸和字体(F)…"。在"个人信纸"选项卡中,可以选择不同的主题(首先要安装),也可以设置邮件中的默认字体,如图 2-19 所示。

图 2‑19 更改邮件的默认样式

2. 答复邮件

步骤一 在"邮件详情"界面,点击"答复",或者在主界面,选择相应邮件点击鼠标右键,选择"答复",如图 2‑20 所示。

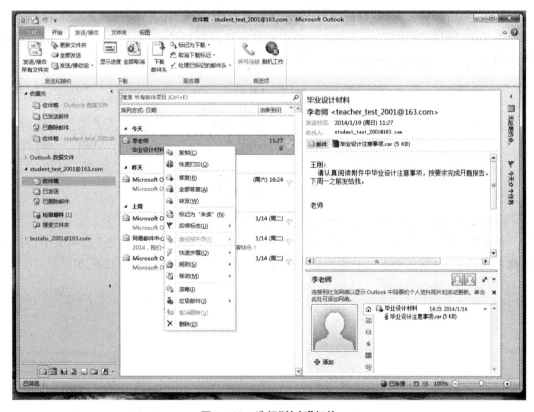

图 2‑20 选择"答复"邮件

步骤二 进入"回复邮件"界面,如图 2‑21 所示。填写相关信息(同新建邮件),点击

"发送"即可。

"答复邮件"等同"新建邮件",不过"答复邮件"更方便,系统会智能自动填充收件人信息,避免用户重复输入邮箱。

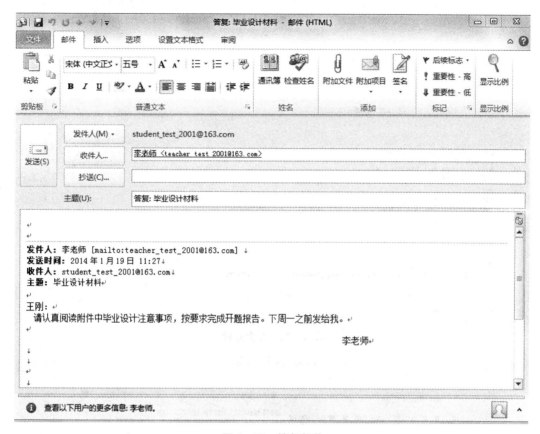

图 2-21 答复邮件

3. 转发邮件

使用 Outlook 中的"转发"功能,可以把收到的邮件直接发送给另外的收件人。

步骤一 在"邮件主界面",选中收到的邮件,点击"转发",或者在"邮件详情"界面,直接点击"转发",进入"转发界面",如图 2-22 所示。

步骤二 填写收件人。根据需要修改主题和内容,点击"发送"即可。

4. 群发邮件

使用"邮件群发"功能可以把一封邮件同时发送给多个人。

步骤一 新建电子邮件,步骤同前。

步骤二 添加多个"收件人",收件人之间用";"隔开(注意不可使用中文标点符号),如图 2-23 所示。

步骤三 点击"发送"。

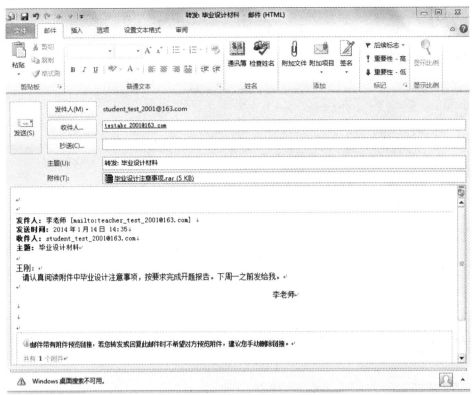

图 2-22　转发邮件

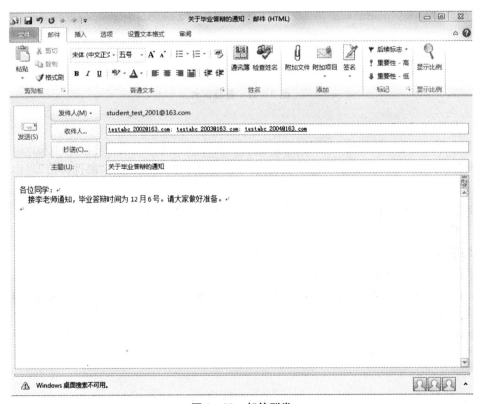

图 2-23　邮件群发

5. 抄送邮件

步骤一 新建电子邮件,步骤同前。

步骤二 在"收件人"添加主收件人邮件地址;在"抄送"添加其他收件人收件地址,多个抄送人之间同样用";"隔开,如图2-24所示。

步骤三 点击"发送"。

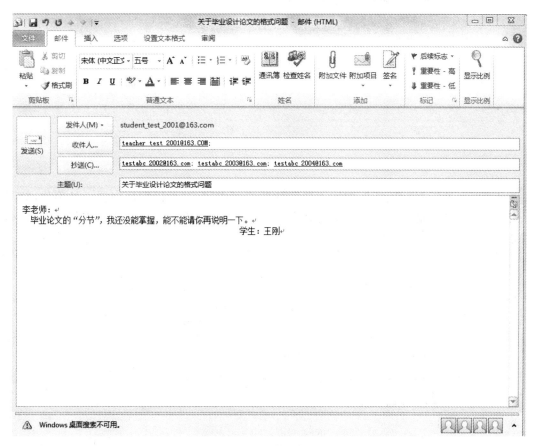

图2-24 抄送邮件

2.3.3 创建电子邮件签名

如果想要在创建或答复电子邮件时自动显示独特的个性签名,可以使用电子邮件签名,设置如下:

步骤一 点击"文件"→"选项"→"邮件"。在"撰写邮件"下,点击"签名(N)…"。

步骤二 在"电子邮件签名"选项卡上,点击"新建",键入此签名的名称,例如"王刚的签名"。该名称仅作为当前签名的标签,并不会出现在邮件中。然后选择什么时候默认使用该签名,例如,"新邮件"及"答复/转发"时,如图2-25所示。

用户可以创建多个电子邮件签名,在不同场合使用。

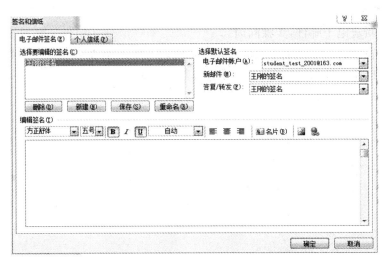

图 2-25 设置邮件签名

步骤三 在"编辑签名"框中输入要添加的签名内容,并可以使用内置工具美化,如图 2-26 所示。设置完毕后,每次创建新邮件或答复邮件时,系统会自动添加该邮件签名,如图 2-27 所示。

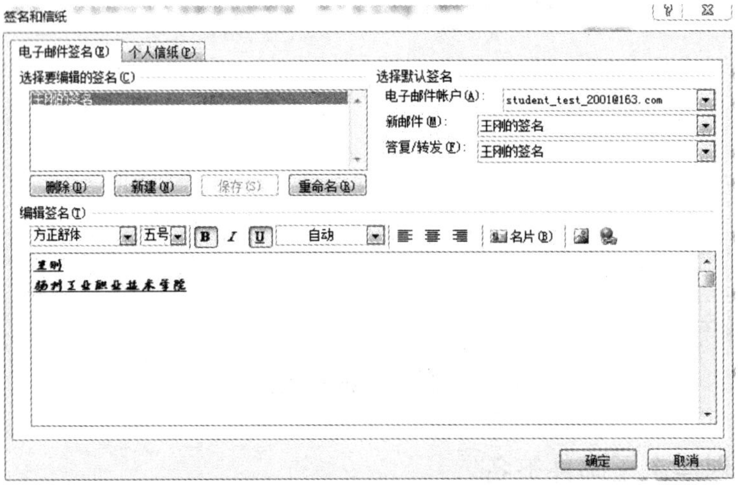

图 2-26 设置邮件签名样式

用户也可以不使用默认签名,而是手动向新邮件添加其他签名。在创建邮件时,首先删除自动生成的签名(如果有默认签名),然后在"邮件"选项卡中,单击"签名",选择需要的签名即可,如图 2-28 所示。

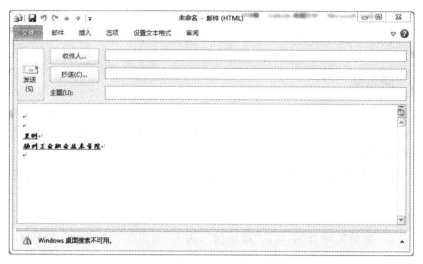

图 2-27　邮件签名效果

图 2-28　选择邮件签名

2.3.4　发送大容量附件

在日常生活中,偶尔会用到通过电子邮件发送大容量附件。发送邮件信息量越大,发送和接收邮件的时间就越长,而且邮箱的最大容量一般都有上限。如果附件太大,可以尝试用以下方法解决。

1. 选择优质的电子邮件供应商

不同电子邮件供应商所提供的附件容量是不同的,如网易免费邮箱附件最大为 2 G,腾讯免费邮箱所提供的"超大附件"最大为 3 G。

如果确实经常需要发送大文件,可以付费使用 VIP 服务,如网易邮件的附件可以付费提高至 15 G 容量。

2. 将大文件压缩

如果发送的附件过大过多(如大量的高质量照片),可以先将邮件压缩成一个文件,然后把压缩文件按照常规方法发送出去。这样既压缩了容量,又减少了文件数量。

3. 拆分大文件

如果压缩之后文件仍然过大,可以将压缩后的大文件进行拆分。使用 WinRAR 等压缩工具把压缩文件分成几个部分,然后使用 Outlook 多次发送文件。

第 4 节 Outlook 2010 高级功能

2.4.1 通讯簿

如果经常同某些人电子邮件交流，每次新发送邮件都要输入邮箱地址，比较麻烦，这时可以使用 Outlook 中通讯簿把常用的邮箱记录下来。这样每次发送新建邮件时，可以直接从通讯簿选择常用邮箱添加到地址栏。

通讯簿支持联系人分组功能，在群发及抄送时，可以直接发送到某个组，简化了邮件操作。

1. 新建联系人

步骤一 在"开始选项卡"中点击"通讯簿"，进入"通讯簿"，如图 2－29 所示。

图 2－29 通讯簿界面

步骤二 点击"文件"→"添加新地址"→选择"新建联系人"，弹出新建联系人对话框，如图 2－30 所示。

步骤三 输入联系人信息。此界面要输入的信息比较多，用户可以选择输入重要的信息，其他次要信息可以先不输入。

输入联系人信息后，点击"保存并关闭"按钮，返回联系人主界面，这时候就显示出刚才添加的联系人的名片。

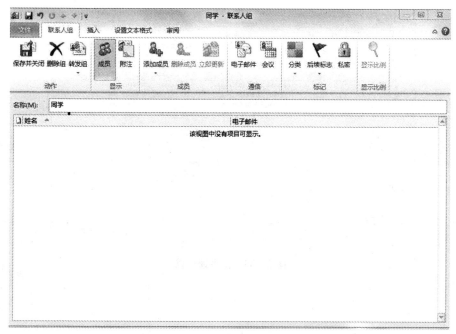

图 2-30 新建联系人

2. 新建联系人组

新建一个联系人组，方便统一收发邮件。

步骤一 在"通讯簿"界面点击"文件"→"添加新地址"→选择"新联系人组"，弹出新建联系人组对话框，如图 2-31 所示。

图 2-31 新建联系人组

步骤二　在"名称"框中输入新建组的名称。

步骤三　点击"添加成员"→"从通讯簿",进入"选择成员"界面。然后选中一个同学→点击"成员—>"→点击"确定",成功添加一位成员,如图 2-32 所示。

步骤四　重复第三步,添加多个联系人到"同学组",或者在第三步借助 Shift 键、Ctrl 键同时选中多位联系人,一块添加。最后,点击"保存并关闭",添加组成功。

图 2-32　添加组成员

3. 通讯簿的应用

在电子邮件的新建、转发、回复等操作中,点击"收件人—>"或"抄送—>"就可以使用通讯簿添加邮箱地址,如图 2-33 所示。在"选择姓名"界面选择相应的成员或组,点击"确定",结果如图 2-34 所示。

图 2-33　使用通讯簿

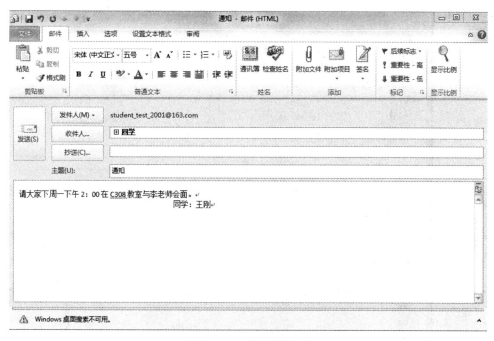

图 2 - 34 对组群发邮件

2.4.2 任务

使用 Outlook 中任务功能可以通过电子邮件的方式设定任务,并且布置给其他人,接收任务者也可以通过任务功能反馈完成情况。任务具体作用如下:

(1) 可以为某人分配任务,向其发送任务所需信息的邮件,并且可以在指定的时间发出提醒。

(2) 可以为任务分配一个状态,为不同的任务指定不同的优先级,同样也可以为其指定完成率。

(3) 可以反馈任务的状态报告。

1. 新建任务

依次点击"开始"→"新建项目"→"任务",开始新建任务,如图 2 - 35 所示。

2. 填写任务

在任务窗口,填写相应"主题"、"开始日期"、"截止日期"、"状态"、"优先级"、"完成率"等信息,并书写任务相关内容,如图 2 - 36 所示。

图 2-35 新建任务

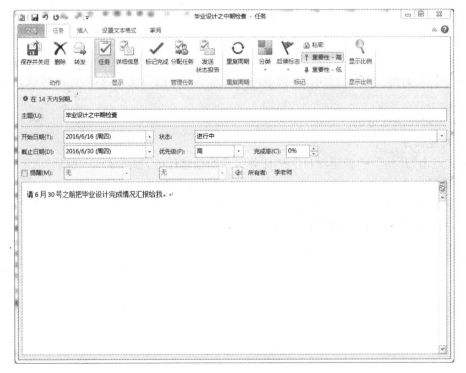

图 2-36 创建任务

3. 分配任务

点击"分配任务",选择或填写收件人,可以选择"分类"、"后续标志"等选项。点击"发送"把任务分配给收件人,如图 2 - 37 所示。

图 2 - 37　分配任务

4. 接受任务

收件人接收邮件,双击进入详细界面,点击"接受",接受任务,如图 2 - 38 所示。

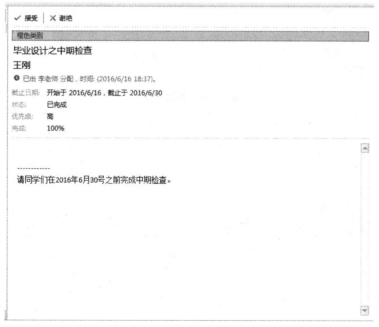

图 2 - 38　接受任务

5. 反馈任务

接受人在"任务"中可以查看相关任务,如图 2-39 所示。

完成任务之后可以"标记完成",点击"回复"汇报情况,如图 2-40 所示,并且可以从列表中删除相应任务。

图 2-39 查看任务

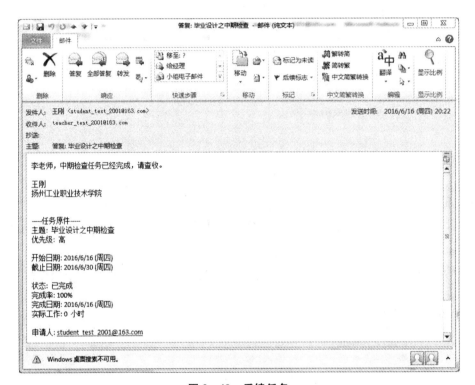

图 2-40 反馈任务

第三章 绘图 Visio 2010

Microsoft Office Visio 是由微软公司开发的一款专业绘制矢量图形软件,是 Microsoft Office 套装软件组件之一。Visio 可以绘制复杂的专业图形,而且能够通过创建与数据相关的图表来表达数据,将文本和表格中的数据转换为清楚的 Visio 图表。使用 Visio 中的各种图表可以了解、操作和共享企业中的资源和工作流程,帮助企业员工高效率办公。

利用 Visio 所提供的功能,可以把制作好的流程图、图表整合到各类文件中,可以与 Microsoft Office 其他组件完美集成。Visio 程序也可以把数据图表转换成网页,自动生成高水平的网页。Visio 绘图可以用在软件设计、项目管理、企业管理、建筑、电子、机械等多个方面,帮助专业人员轻松地分析和交流复杂信息。

本书使用的版本是 Visio 2010,主界面如图 3-1 所示。与 Visio 类似的软件有 Edraw Mind Map、SmartDraw 等,但都不如 Visio 应用广泛。

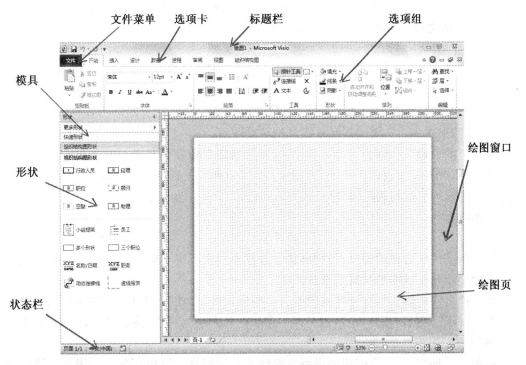

图 3-1　Visio 2010 主界面

第 1 节　Visio 绘图相关概念

1. 位图

位图图像由多个像素点组成，也称为点阵图。每个像素就是一个有颜色的小点，而不同颜色的点聚集起来就形成了位图。位图就像沙滩，从远处望去光滑如缎，近看却是由一粒粒沙子组成。位图被放大时，图像会失真，可以看到一块一块的像素色块。与传统光学照相机不同，数码相机拍出的照片是位图。

2. 矢量图

矢量图使用点、线、矩形、多边形、圆等基本元素来描述，通过数学公式计算来构成图形。矢量图根据几何特性来绘制，文件占用空间较小。矢量图放大后图像不会失真，且不受分辨率影响，但是，矢量图色彩表达能力不如位图。Visio 绘制产生的图形默认是矢量图，文件扩展名是.vsd。

3. 图像大小

图像大小一般用组成图像像素的多少来表示。图片分辨率越高，所需像素越多，图像就越大。比如：一张分辨率 640×480 的照片表示水平 640 个像素、垂直 480 个像素，共需要 640×480＝307 200 个像素。常见的分辨率有 640×480、1 024×768、1 600×1 200、2 048×1 536等。一般来说分辨率越高，图像越清晰。

4. 绘图页

绘图页是 Visio 绘制图形的工作区域，也是生成图形的背景，如图 3-1 所示。

5. 形状

形状是在模具中存储的图件，如图 3-2 所示。Visio 绘制的图形由各种形状构成，在 Visio 绘制图形首先将需要的形状从模具拖至绘图页。

模具上的原始形状称为主控形状，主控形状始终保留在模具上。放置在绘图页上的形状是主控形状的副本，也称为实例。实例的大小、方向和位置都可以调整。

形状具有内置的行为与属性：行为可以定位形状并正确连接到其他形状，属性主要是显示形状的数据。

6. 模具

模具指相关联形状的集合，各种形状分散在不同模具中，如图 3-2 所示。利用模具可以很方便地找到绘制图形所需的形状。

每个模具中的形状都有一些共同点。这些形状可以是创建特定种类图形所需形状的集合，例如，"UML 部署"模具；也可以是同一形状的几个不同版本，例如，"箭头形状"模具。

7. 模板

模板是一种文件，包含创建图形所需形状的若干模具。模板还包含适用于该绘图类型的样式、设置和工具，是针对某种特定绘图任务组织起来的一系列形状集合，如图 3-2 所示。利用模板可以快速方便地生成用户所需的图形。

模板包括模具，模具包括形状。

图 3 - 2　模具、模板与形状

8. 连接符

连接符指在 Visio 中形状与形状之间连接的线条，如图 3 - 3 所示。连接符会随着形状的移动而自动调整。

Visio 中连接符分为直接连接符和动态连接符。直接连接符是连接形状之间的直线；动态连接符是连接或跨越连接形状之间的直线组合体，可以通过多种方式保持形状之间的连接。

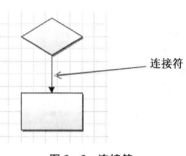

图 3 - 3　连接符

第 2 节　绘制程序流程图

使用 Visio 制图之前，最好规划一下绘图的实际要求或主要流程，然后在纸上绘制草图，这样可以提高 Visio 制图的效率。在 Visio 中绘制图形一般经过如下六个步骤：

步骤一　根据绘制图形种类，选择并打开一个相近模板。

步骤二　从上至下，从左至右拖动并连接形状。

步骤三　向形状添加所需文本，添加独立文本。

步骤四　设置形状、连接符、文本的格式。

步骤五　整体调整图形位置、间距、大小和格式。

步骤六　保存、打印图形。

使用 Visio 制图应该遵守业内相关规定，才能绘制出正确而清楚的流程图。在 Visio 中绘制图形一般遵循如下五个原则：

（1）相同形状大小一致。使用各种形状应注意外形和大小统一，避免使形状变形或各形状大小比例不一，尽量使用标准形状。

（2）形状间上下间距、左右间距一致。流程图中所用的形状应该均匀地分布。

（3）连接符保持合理的长度，尽量少使用长线。连接符尽量避免相互交叉，多条进入线可以汇集成一条输出线，此时各连接点应要互相错开，避免混淆。

（4）说明文字尽可能简明。

（5）一个大的流程图可以由几个小的流程图组成。

3.2.1　新建文件

以第 4 节中"求一元二次方程的根流程图"为例，如图 3 - 44 所示。

1. 选择模板

启动 Visio→"文件"→"新建"→在"模板类别"下选择"流程图"→双击"基本流程图",如图3-4所示。

之所以选择"基本流程图",是因为该模板包含绘制程序流程图所需要的所有形状。如果绘制其他类型的图形,则选择其他最相近的模板。

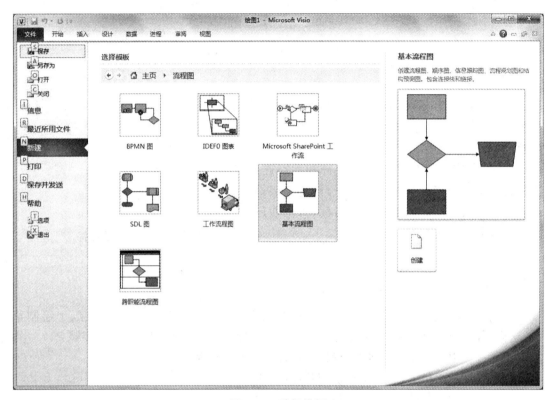

图3-4　选择模板

2. 模具

"基本流程图"模板将相关形状包括在各种模具的集合中,包括"快速形状"、"基本流程图形状"、"跨职能流程图形状"三种。"快速形状"中放置最常使用的形状,如图3-5所示。

"更多形状"菜单位于"形状"窗口最顶端。如果打开的模具中不能包括所需要的全部形状,则需要添加其他模具中的形状。依次点开"更多形状"菜单,选择相应形状,点击就可以添加,如图3-6所示。

模板中现有模具的上下顺序可以通过拖放来重新排列,同一模具中的形状的顺序也可以通过拖放重新排列。

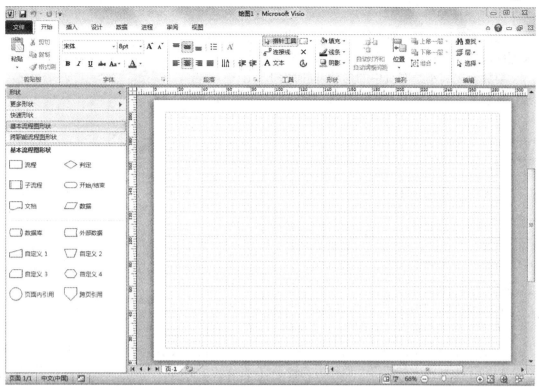

图 3 - 5 基本流程图形状

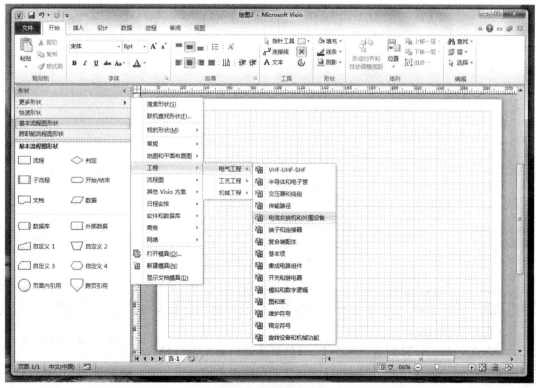

图 3 - 6 添加更多形状

3. 调整绘图页

图形中的形状太小而不便使用时，可以放大形状；而使用大型图表时，可能需要缩小图形以便可以看到整个视图。

要放大或缩小绘图页中的形状，同时按下 Ctrl＋Alt 键，指针将变为一个放大工具，表示可以放大或缩小。单击鼠标左键可以放大，单击鼠标右键可以缩小。

还可以使用"视图"选项卡中"显示比例"框（如图 3-7）与"状态栏"右下角"显示比例"来缩放绘图页。

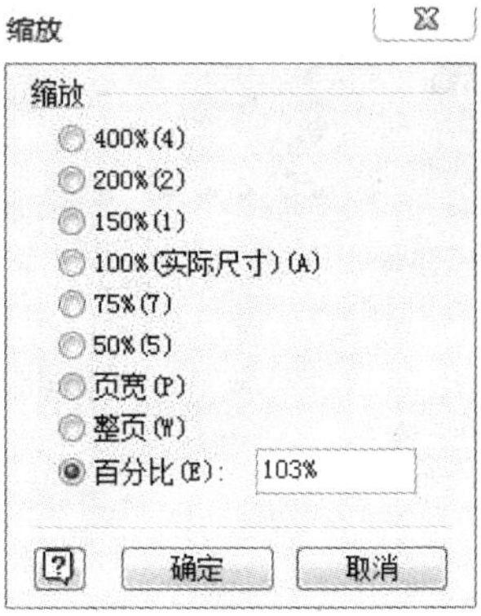

图 3-7　调整显示比例

3.2.2　添加形状

1. 拖动并连接形状

步骤一　绘制流程图之前，最好在纸张上绘制草图，然后依照草图拖动形状到绘图页。

步骤二　将"开始/结束"形状从"基本流程图形状"模具拖至绘图页上，然后松开鼠标按钮，如图 3-8 所示。

➤ 用鼠标拖拽图形，可以将其移动到合适的位置。

➤ 如果选错图形，选中该形状，按 Delete 键可以删除该图形。

➤ 通过拖动形状的角、边或底部的手柄可以调整形状的大小。

➤ 位于形状上方的圆形手柄称为旋转手柄，将旋转手柄向右或向左拖动可旋转形状。

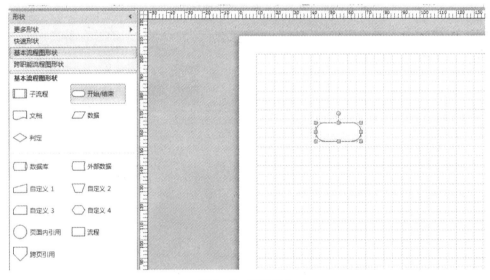

图 3-8　形状操作

步骤三　绘制图形时，最重要的一步是将它们连接起来。用于连接形状的方法有多种，自动连接操作最简单。将指针放在形状上，可以显示蓝色箭头，如图 3-9 所示。

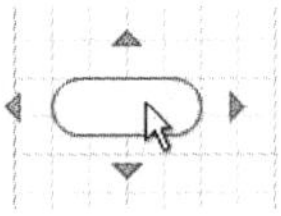

图 3-9　自动连接

步骤四　将指针移到蓝色箭头上，蓝色箭头指向第二个形状的放置位置。此时将会显示一个浮动工具栏，该工具栏包含模具顶部的一些形状，如图 3-10 所示。单击"平行四边形"的形状，即会添加到图形中，并自动连接到"开始/结束"形状。

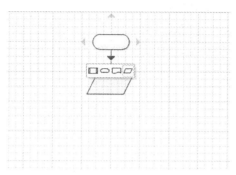

图 3-10 选择"平行四边形"向下连接

　　步骤五　如果要添加的形状未出现在浮动工具栏上,则可以将所需形状从"形状"窗口拖放到蓝色箭头上,如图 3-11 所示。新形状即会连接到第一个形状,就像在浮动工具栏上单击一样,如图 3-12 所示。

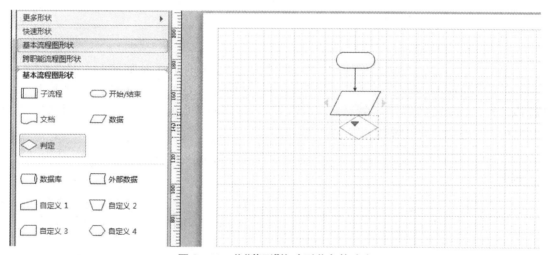

图 3-11 将"菱形"拖动到蓝色箭头上

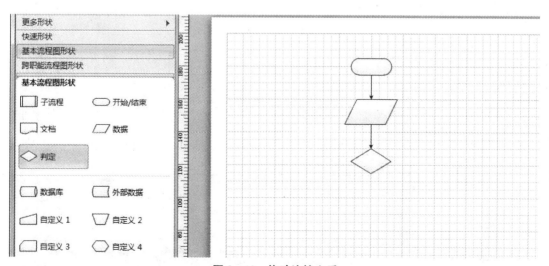

图 3-12 拖动连接之后

将形状拖到绘图页上时,形状周围会显示矩形虚线(动态网格),使用动态网格可以定位其在绘图页上网格的位置来对齐形状。并且如果靠近其他形状,显示一条水平或垂直中心对齐线,可以快速与其他形状对齐,如图 3 - 13 所示。打印图形时,动态网格与背景网格都不会显示。

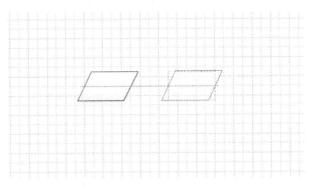

图 3 - 13 动态网格

2. 调整图形间距

根据草图,按从上到下的顺序依次添加形状,直到把所有形状添加完毕,如图 3 - 14 所示。由于形状过多,系统会自动出现新的绘图页,这样既不美观,也不方便。可以通过用鼠标拖动各个形状,一一调整位置,缩小间距,但是,这样操作太麻烦,并且间距往往不一致。这时可以通过统一调整图形间距,协调整体图形。

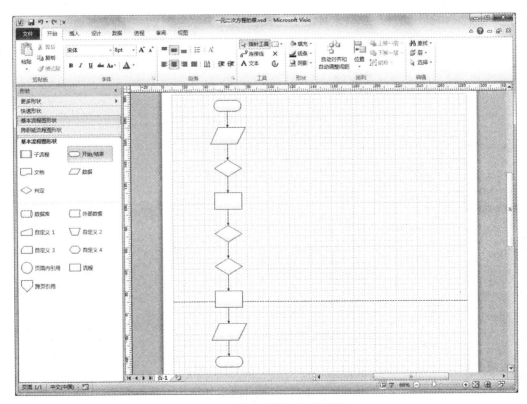

图 3 - 14 上下结构过多的图形

步骤一　用鼠标拖动选择全部形状，如图 3‑15 所示。

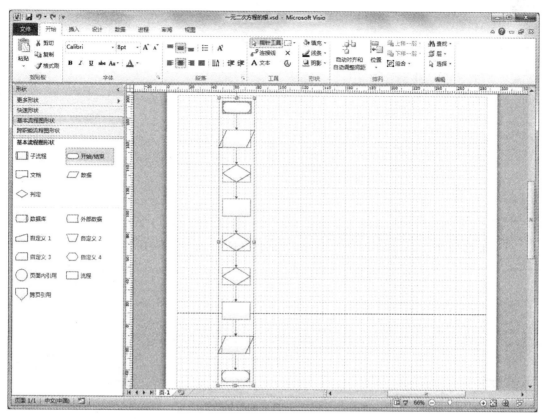

图 3‑15　拖动选择形状

步骤二　"开始选项卡"→"位置"→"间距选项…"，出现"间距选项"对话框，如图 3‑16 所示。

步骤三　把"二者使用相同的间距"选择去除。在"垂直"旁的文本框中填写适当的数值，如图 3‑17 所示。点击"确定"或"应用"，效果如图 3‑18 所示。

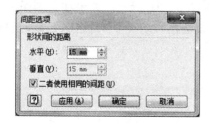

图 3‑16　调整形状间距

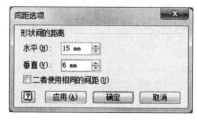

图 3‑17　填写垂直间距

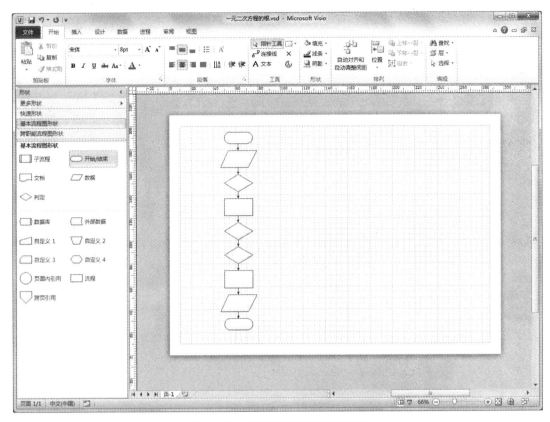

图 3-18 调整垂直间距后的图形

3.2.3 "连接线"工具

利用 Visio 绘制的图形中一般不存在独立的形状,各种图形都是连接的。在 Visio 中,通过连接线创建连接。连接之后形状移动时,连接线会保持黏附状态。

1. 添加"连接线"

利用"自动连接"功能可以完成部分图形,如图 3-19 所示。如果在绘制图形的过程中用到折线连接,则可以使用"连接线"工具,连接线会在移动其中一个相连形状时自动重排或弯曲。

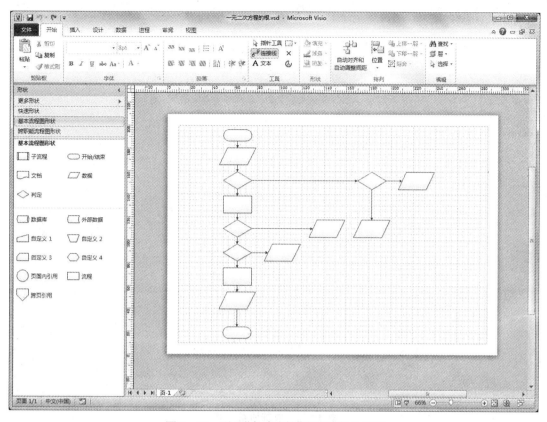

图 3-19 利用"自动连接"完成的部分图形

步骤一 单击"开始"选项卡中的"连接线"工具。

步骤二 将"连接线"工具放置在第一个形状底部上的连接点上。"连接线"工具会使用一个红色框来突出显示连接点,表示可以在该点进行连接,如图 3-20 所示。

步骤三 从第一个形状上的连接点处开始,将"连接线"工具拖到第二个形状顶部的连接点上。连接形状时,连接线的端点会变成红色,如图 3-21 所示。如果想要形状保持相连,两个端点都必须显示红色。

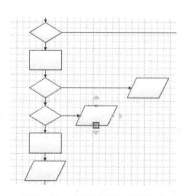

图 3-20 "连接线"工具起点

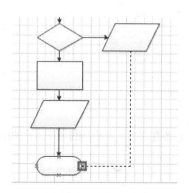

图 3-21 "连接线"工具终点

步骤四 依次连接相关形状,形成流程图,如图 3-22 所示。

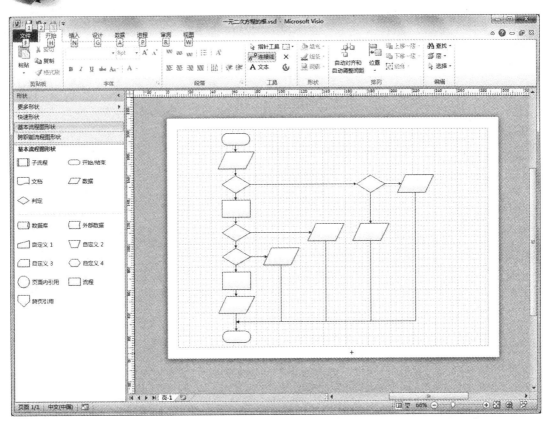

图 3-22 添加所有形状

2."连接线"自适配

在绘制图形的过程中，如果需要添加或删除形状，Visio 会智能自动连接和重新定位。例如，通过将形状放置在连接线上，将它插入图形中，如图 3-23 所示。

周围的形状会自动移动，以便为新形状留出空间，新的连接线也会添加到序列中，如图 3-24 所示。

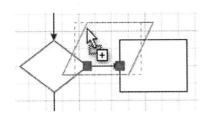

图 3-23 拖动形状插入

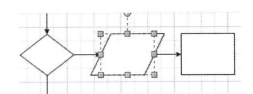

图 3-24 拖动形状插入后

删除连接在某个序列中的形状时，两条连接线会自动被剩余形状之间的单一连接线取代，如图 3-25 所示。

图 3-25 删除形状后

3.2.4 添加文本

1. 向形状中添加文本

双击形状可以进入文本编辑状态,如图 3-26 所示。在文本编辑状态下输入文字,键入完毕后,单击绘图页的空白区域或按 Esc 键结束输入状态。

如果输入文字有误,可以修改或删除文字。双击形状,再次进入文本编辑状态,可以修改文字;在文本突出显示后,按 Delete 键,可以删除图形中的文本。

按要求添加文本后结果如图 3-27 所示。

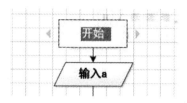

图 3-26 文本编辑状态

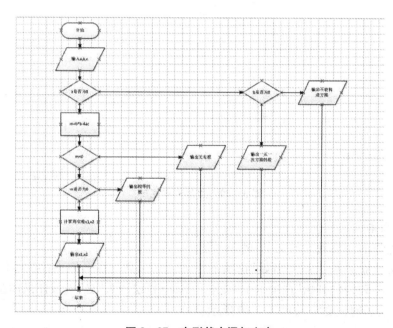

图 3-27 在形状中添加文本

2. 向连接线添加文本

可以将文本输入到连接线上,用来描述连接线的属性。与形状中添加文本类似,双击连接线可以进入编辑文本状态,键入文本,如图 3-28 所示。

添加好所有的文本,流程图结果如图 3-29 所示。

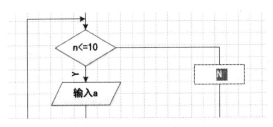

图 3-28 向连接线添加文本

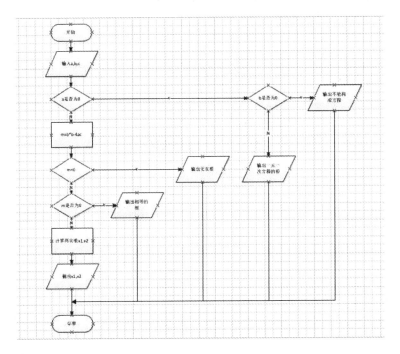

图 3-29 添加文本完毕

3. 独立文本

可以向绘图页添加独立的文本,例如标题。

(1) 添加独立文本。选择"开始"选项卡中"文本"工具→在页面顶部选择位置,单击可以键入文字,或者选择"开始"选项卡中"文本"工具→在绘图页空白处按住鼠标左键拖动,可出现文本框,然后键入文字,如图 3-30 所示。

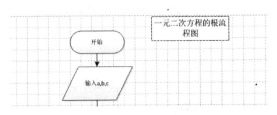

图 3-30 独立文本

(2) 删除独立文本。选择"开始"选项卡中"指针"工具,选中文本,按 Delete 键,或者用其他方式选中文本之后,按 Delete 键。

4. 设置文本格式

可以通过设置文本格式美化文字。Microsoft Office 套装软件中设置文本格式的方式是一致的,在 Visio 2010 中可以像 Word 2010 中一样改变文本。

(1) 双击相关形状、连接线或独立文字,选中要更改的文字。点击鼠标右键,选择"字体",设置文本格式,如图 3－31 所示。

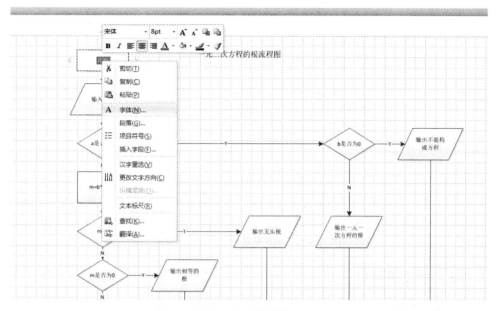

图 3－31　字体格式

(2) 也可以选中相关形状、连接线或独立文字,点击"开始"选项卡中的"字体"选项进行修改,通过弹出的"字体"对话框可以对文本详细修改,如图 3－32 所示。

图 3－32　文本对话框

(3) 为了保证文字风格统一,可以用鼠标拖动全选图形,统一设置字体。例如,字体设置为黑体,12pt,加粗;标题文字设置为黑体,16pt,加粗。设置好的流程图如图 3－33 所示。

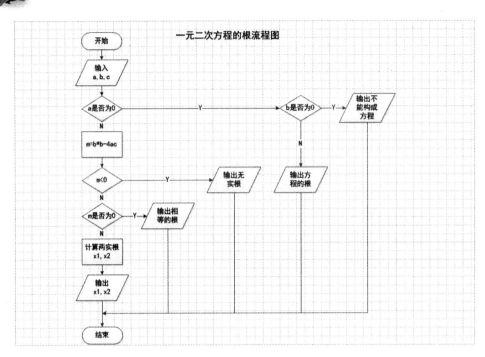

图 3‑33　设置好文本格式的流程图

3.2.5　修改图形格式

选中相应的形状（单选多选均可），在"开始"选项卡上选择相应的格式操作，可以调整形状外观，或者选中形状，点击鼠标右键，在快捷菜单上选择相应操作，如图 3‑34 所示。

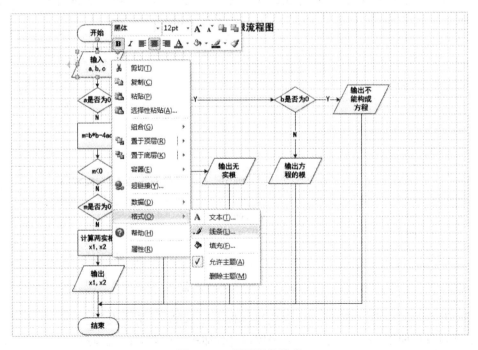

图 3‑34　设置形状格式

可以更改形状以下格式的设置：

➢ 填充颜色
➢ 填充图案
➢ 图案颜色
➢ 线条颜色和图案
➢ 线条粗细
➢ 填充透明度和线条透明度

3.2.6 组合

图形绘制完毕之后，可以利用"组合"工具把分散的形状组合成一个整体。这样图形的各部分相对固定，不会因为误操作而错位。

步骤一 拖动鼠标，全选绘图页中的所有对象，如图 3 - 35 所示。

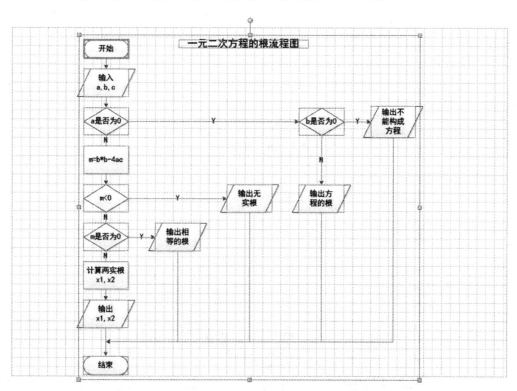

图 3 - 35 选择组合对象

步骤二 在选中的对象上点击鼠标右键，选择"组合"→"组合"，把选中对象组合为一体，如图 3 - 36 所示。

步骤三 组合完毕，此时流程图成为一个整体，可以拖动整体移动，也可以拖动右下角改变整体大小，如图 3 - 37 所示。

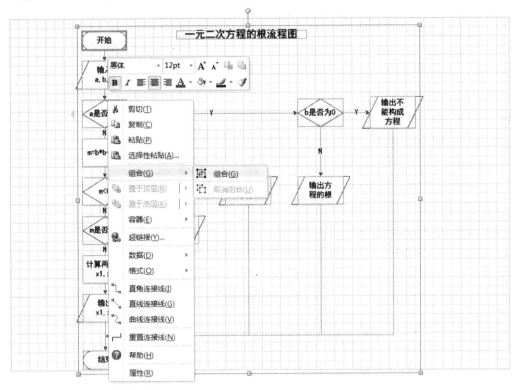

图 3-36　组合对象

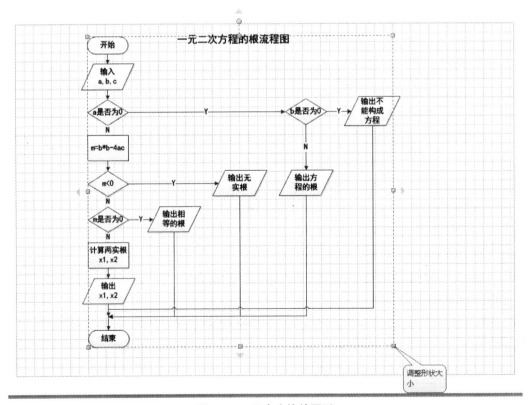

图 3-37　组合完毕的图形

步骤四　如果想独立改变某个形状,可以将图形取消组合。

选中图形→点击鼠标右键→选择"组合"→"取消组合",如图 3 - 38 所示。

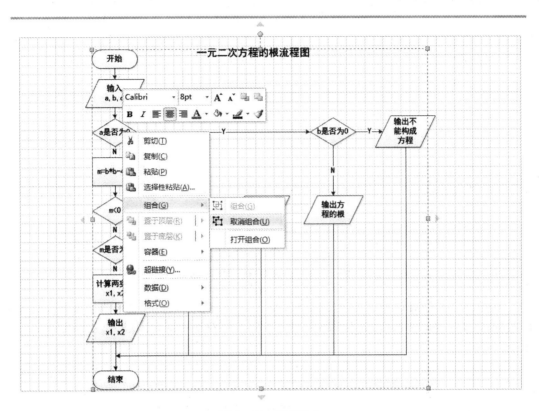

图 3 - 38　取消组合

第 3 节　Visio 绘图应用

Visio 中绘制的图形可以以两种方式应用到其他程序中。一种作为位图文件,一种作为矢量图文件。

1. 使用位图文件

Visio 绘图可以转换为位图图像格式,转换之后无法再次在 Visio 中编辑,只能用图像处理程序(如 Photoshop)处理。

步骤一　首先将 Visio 2010 中绘制的图形保存为位图图像格式。

在"文件"菜单上,单击"另存为"。在"保存类型"列表中,选择"JPEG 文件交换格式(* .jpg)",然后单击"保存",如图 3 - 39 所示。

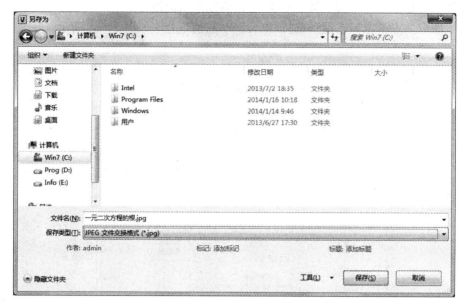

图 3-39 另存为 JPG 图像文件

步骤二 显示"JPG 输出选项"对话框,如图 3-40 所示,可以在其中为导出文件设置属性,根据需求选择图像选项,点击"确定"保存文件。保存文件格式不同,输出选项也会有所不同。

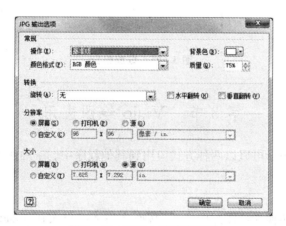

图 3-40 JPG 文件输出选项

步骤三 启动 Word,在"插入"选项卡上,点击"图片"。选择保存的图像文件,然后单击"插入",如图 3-41 所示。

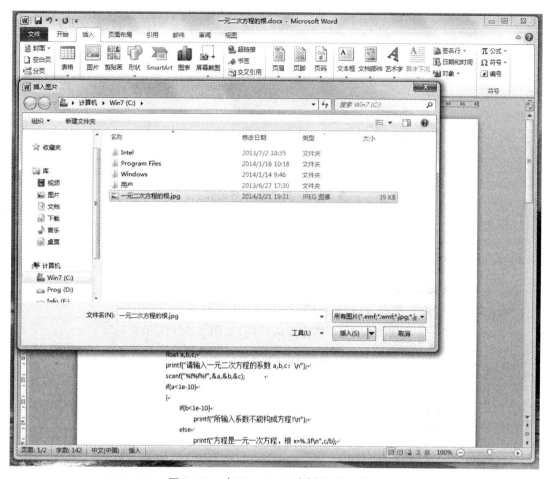

图 3 - 41 在 Word 2010 中插入 Visio 绘图

2. 使用矢量图文件

Visio 绘图默认保存的是矢量图文件。该文件可以在 Visio 中再次打开并编辑,也可以在 Word 2010 中,通过双击直接调用 Visio 编辑。

步骤一 将 Visio 2010 中绘制图形保存为默认格式"绘图(＊. vsd)"。

步骤二 在 Word 2010 中"插入"选项卡上,点击"对象"→"对象…",如图 3 - 42 所示。

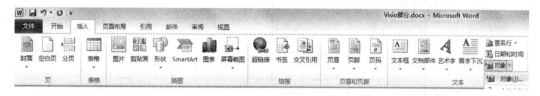

图 3 - 42 选择插入对象

步骤三 在弹出的"对象"对话框中选择"由文件创建",并且"浏览"选中相应的 Visio 文件,如图 3 - 43 所示,点击"确定"插入。

图 3-43　由 Visio 文件创建

第 4 节　绘图练习

1. 用 C 语言编程"求一元二次方程的根"

要求先画出程序流程图,再写出代码。

(1)画出求"一元二次方程的根"的程序流程图,如图 3-44 所示。

一元二次方程的根流程图

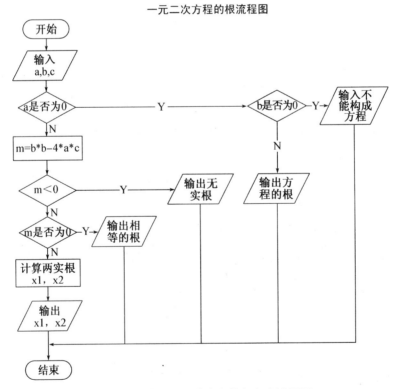

图 3-44　求一元二次方程的根程序流程图

（2）求一元二次方程的根程序代码。

```
float a,b,c;
scanf("%f%f%f",&a,&b,&c);
if(a<1e-10)
{
    if(b<1e-10)
        printf("所输入系数不能构成方程! \n");
    else
        printf("方程是一元一次方程,根 x=%.3f\n",c/b);
}
else
{
    float m=b*b-4*a*c;
    float x1,x2;
    if(m<0.0)
    {
        printf("方程无实根! \n");
    }
    else
    {
        if(m<1e-10)
        {
            printf("方程有两个相等实根:x1=x2=%.3f",(-b)/(2*a));
        }
        else
        {
            x1=(-b+sqrt(m))/(2*a);
            x2=(-b-sqrt(m))/(2*a);
            printf("方程有两个不相等实根:x1=%.3f,x2=%.3f\n",x1,x2);
        }
    }
}
```

2. 绘制求 10 个数中最大数的程序流程图

如图 3-45 所示。

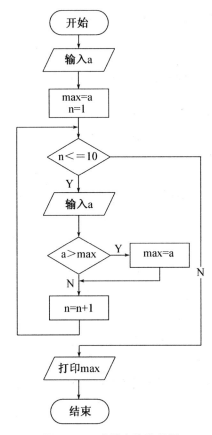

图 3-45　求最大值流程图

3. 绘制图书管理系统流程图

如图 3-46 所示。

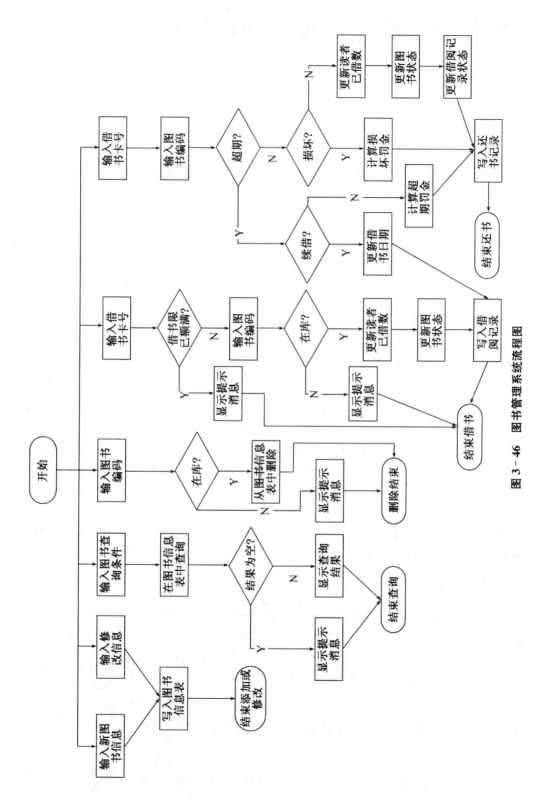

图 3－46　图书管理系统流程图

第五部分 全国计算机等级考试要点

第一章 计算机基础知识

第 1 节 计算机的发展、类型及其应用领域

1.1.1 计算机的发展

世界上第一台电子数字式计算机 ENIAC 于 1946 年 2 月 15 日诞生在美国宾夕法尼亚大学。它奠定了电子计算机的发展基础,开辟了计算机科学技术的新纪元,标志着人类第三次产业革命的开始。

ENIAC 诞生后短短的几十年间,计算机的发展突飞猛进,主要电子器件相继使用了真空电子管,晶体管,中、小规模集成电路和大规模、超大规模集成电路,引起计算机的几次更新换代。每一次更新换代都使计算机的体积和耗电量大大减小,功能大大增强,应用领域进一步拓宽。特别是体积小、价格低、功能强的微型计算机的出现,使得计算机迅速普及,进入了办公室和家庭,在办公自动化和多媒体应用方面发挥了很大的作用。目前,计算机的应用已扩展到社会的各个领域。

在推动计算机发展的众多因素中,电子元器件的发展起着决定性的作用,计算机系统结构和计算机软件技术的发展也起了重大的作用。从生产计算机的主要技术来看,计算机的发展过程可以划分为四个阶段,见表 1-1 所示。

表 1-1 计算机发展的四个阶段

发展阶段	时间	电子元器件	存储器	内存容量	运算速度	软件
第一代	1946~1958 年	电子管	内存采用水银延迟线;外存采用磁鼓、纸带、卡片等	几千字节	每秒几千次到几万次基本运算	机器语言、汇编语言
第二代	1958~1964 年	晶体管	磁芯、磁盘、磁带等	几百千字节	每秒几十万次基本运算	FORTRAN、ALGOL-60、COBOL
第三代	1964~1975 年	集成电路	半导体存储器	几百千字节	每秒几十万到几百万次基本运算	操作系统逐渐成熟

（续表）

发展阶段	时间	电子元器件	存储器	内存容量	运算速度	软件
第四代	1975年至今	大规模集成电路	集成度很高的半导体存储器	几百兆字节	每秒几百万次甚至上亿次基本运算	数据库系统、分布式操作系统等,应用软件的开发

随着计算机应用的广泛深入,又向计算机技术本身提出了更高的要求。当前,计算机的发展表现为四种趋势:巨型化、微型化、网络化和智能化。

1.1.2　计算机的分类

按照1989年由IEEE科学巨型机委员会提出的运算速度分类法,计算机可分为巨型机、大型机、小型机、工作站、微型计算机和网络计算机。

1. 巨型机

巨型机又称超级计算机,是所有计算机类型中价格最贵、功能最强的一类计算机,其浮点运算速度已达每秒万亿次,用于国防尖端技术、空间技术、大范围长期性天气预报、石油勘探等方面。这类计算机在技术上朝两个方向发展:一是开发高性能器件,特别是缩短时钟周期,提高单机性能;二是采用多处理器结构,构成超并行计算机,通常由100台以上的处理器组成超并行巨型计算机系统,它们同时解算一个课题,来达到高速运算的目的。美国、日本是生产巨型机的主要国家,俄罗斯及英国、法国、德国次之。我国在1983年、1992年、1997年分别推出了银河Ⅰ、银河Ⅱ和银河Ⅲ,进入了生产巨型机的行列。

2. 大型通用机

大型通用机相当于国内常说的大型机和中型机,国外习惯上称为主机。近年来大型机采用了多处理、并行处理等技术,其内存一般为1 GB以上,运行速度可达300～750 MIPC(每秒执行3亿至7.5亿条指令)。大型机具有很强的管理和处理数据的能力,一般在大企业、银行、高校和科研院所等单位使用。

3. 小型机

小型机的机器规模小、结构简单、设计试制周期短,便于及时采用先进工艺技术,软件开发成本低,易于操作维护。它们已广泛应用于工业自动控制、大型分析仪器、测量设备、企业管理等,也可以作为大型与巨型计算机系统的辅助计算机。近年来,小型机的发展也引人注目,特别是出现了RISC(Reduced Instruction Set Computer,精简指令系统计算机)体系结构。

RISC的思想是把那些很少使用的复杂指令用子程序来取代,将整个指令系统限制在数量甚少的基本指令范围内,并且绝大多数指令的执行都只占一个时钟周期,甚至更少,优化编译器,从而提高机器的整体性能。

4. 微机

微型机技术在近十年内发展迅猛,更新换代快。微型机已经应用于办公自动化、数据库管理、图像识别、语音识别、专家系统、多媒体技术等领域,并且开始成为城镇家庭的一种常规电器。现在除了台式微型机外,还有膝上型、笔记本、掌上型、手表型等微型机。

5. 工作站

工作站是一种高档微型机系统。它具有较高的运算速度,具有大型机或小型机的多任务、多用户能力,且兼有微型机的便利操作和良好的人机界面。其最突出的特点是具有很强的图形交互能力,因此,在工程领域特别是计算机辅助设计领域得到迅速应用。典型产品有美国 Sun 公司的 Sun 系列工作站。

6. 网络计算机

在计算机网络中作为客户机使用的计算机,简称 NC,它是在互联网充分普及和 Java 语言出现的情况下提出的一种有着全新概念的计算机。根据 IBM、Oracle 和 Sun 公司共同制定的网络计算机参考标准,NC 是一种使用基于 Java 技术的瘦客户机系统,它提供了一个混合系统,在这个混合系统中,根据不同的应用建立方式,某些应用在服务器上执行,某些应用在客户机上执行。

1.1.3　计算机的应用领域

计算机的应用十分广泛,根据工作方式的不同,大致可以分为以下几个方面:

1. 数值计算

在科学研究和工程设计中,存在着大量繁琐、复杂的数值计算问题,穷尽几代人的精力也无法得到最终的结果,因此,人们发明了计算机。数值计算是计算机的第一个应用领域,高速度、高精度地解算复杂的数学问题正是电子计算机的专长,时至今日,它仍然是计算机应用的一个重要领域。

2. 数据处理

数据处理又叫作非数值计算,就是利用计算机来加工、管理和操作各种形式的数据资料。与数值计算不同的是,数据处理着眼于对大量的数据进行综合和分析处理,一般不涉及复杂的数学问题,只是要求处理的数据量极大而且经常要求在短时间内处理完毕。例如,企业管理、物资管理、报表统计、账目计算、信息情报检索等。

近年来出现的管理信息系统(MIS)、制造资源规划软件(MRP)、电子信息交换系统(EDI)等都属于数据处理领域。

3. 实时控制

实时控制也叫作过程控制,就是用计算机对工业生产过程中的某些信号自动进行检测,并把检测到的数据存入计算机,再根据需要对这些数据进行处理。实时控制不仅可提高生产自动化水平,同时也能提高产品的质量、降低成本、减轻劳动强度、提高生产效率。例如,仪器仪表引进计算机技术后所构成的智能化仪器仪表,将工业自动化推向了一个更高的水平。实时控制广泛应用于化工、电子、钢铁、石油、火箭和航天等领域。

4. 计算机辅助系统

计算机辅助系统包括计算机辅助设计(CAD)、计算机辅助制造(CAM)、计算机辅助测试(CAT)和计算机辅助教学(CAI)等。

➢ 计算机辅助设计(CAD)是指利用计算机来帮助设计人员进行工程设计,以提高设计工作的自动化程度,节省人力和物力。目前,这种技术已广泛地应用于机械、船舶、飞机和大规模集成电路版图等方面的设计。利用 CAD 技术可以提高设计质量、缩短设计周期、提高设计自动化水平。例如,计算机辅助制图系统提供了一些最基本的作图元素和命令,在这个基础上可以开发出适合不同部门应用的图库。

➤ 计算机辅助制造(CAM)是指利用计算机进行生产设备的管理、控制与操作,从而提高产品质量、降低生产成本、缩短生产周期,大大改善制造人员的工作条件。

➤ 计算机辅助测试(CAT)是指利用计算机进行复杂而大量的测试工作。

➤ 计算机辅助教学(CAI)指利用计算机帮助教师讲授和帮助学生学习的自动化系统,使学生能够轻松自如地从中学到所需要的知识。

5. 模式识别与智能系统

模式识别与智能系统是一种计算机在模拟人的智能方面的应用。例如,根据频谱分析的原理,利用计算机对人的声音进行分解、合成,使机器能辨识各种语音,或合成并发出类似人的声音。又如,利用计算机来识别各类图像,甚至人的指纹等。

综上所述,计算机可以自动高效地处理输入的各类信息,如数值、文字、图像、语音等,然后输出结果。

早期的计算机由于受自身性能等各方面条件的限制,其应用领域比较单一,主要集中在数值计算。随着业务需求和计算机技术的进步,计算机已经渗透到社会的各个领域,并且朝着综合性应用的方向发展。例如,一个大型企业的信息管理系统(MIS 系统),可以包括多个子系统,如销售管理系统、生产管理系统、财务管理系统、人事管理系统、工程设计系统等,有些子系统主要是用来进行数据处理的,有些主要是用来进行自动控制的,有些既有复杂的数值计算功能,又有强大的数据处理能力。

第 2 节　计算机中数据的表示、存储与处理

1.2.1　计算机中数据的表示

在计算机内,数只有"0"和"1"两种形式,所以数的正负号也必须以"0"和"1"表示。

1. 机器数

通常把一个数的最高位定义为符号位,用 0 表示正,1 表示负,称为数符,其余位表示数值。把在机器内部存放的正负号数码化的数称为机器数,把机器外部由正、负号表示的数称为真值数。

例如,在机器中用 8 位二进制表示一个数+90,−90,其格式为:

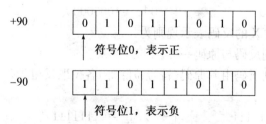

字长是寄存器的位数,也是 CPU 一次可以处理的二进制位数。字长一定,计算机所能表示的数的范围也就确定了。例如,使用 16 位字长的计算机,它所能表示的带符号整数范围为:−32 768～32 767,不带符号整数范围为:0～65 535。运算时,若数值超出机器数所能表示的范围,就会停止运算和处理,这种现象称为溢出。

2. 定点数和浮点数

计算机通常通过确定小数点位置来表示整数和小数,小数点位置有两种确定方式:一种是规定小数点的位置固定不变,这种机器数称为定点数。另一种是小数点的位置可以浮动,这种机器数称为浮点数。

(1) 定点整数。把小数点位置固定在数据字的最后,数据字表示一个纯整数。

(2) 定点小数。把小数点位置固定在符号位之后,数据字表示一个纯小数。

(3) 浮点实数。浮点数与科学计数法相对应,可以表示包括整数和小数部分的实数,因此,与定点表示法相比,表示的数的范围扩大了。

一个浮点数由两部分构成,即阶码和尾数。其存储格式为:

阶符	阶码	数符	尾数

阶符和数符各占一位,阶码给出的总是整数,尾数总是小于1的数字。阶符的正负决定小数点的位置,若阶符为正,则向右移动;若阶符为负,则向左移动。数符的正负决定浮点数的正负。阶码的位数随数值表示的范围而定,尾数的位数则依数的精度要求而定。

例如,$(-3.5)_{10} = (-11.1)_2 = -0.111 \times 2^{10}$

0	0000010	1	0000111

通常规定,当浮点数的尾数为零或者阶码为最小值时把该数看作零,称为“机器零”。在浮点数表示中,当一个数的阶码大于机器所能表示的最大阶码时,产生“上溢”。上溢时机器一般不再继续运算而转入“溢出”处理。当一个数的阶码小于机器所能表示的最小阶码时,产生“下溢”,下溢时一般当作机器零来处理。

3. 带符号数

机器数用符号位 0 和 1 表示正负。为了在计算中将数值和符号位同时进行运算,常对机器数采用原码、补码和反码表示法。

(1) 原码。原码表示法是机器数的一种简单表示法。用 0 表示正号,用 1 表示负号,数值一般用二进制形式表示。数 X 的原码可记作$[X]_原$。例如,

$[+0.99]_原 = 0.1111111$　　　　$[+127]_原 = 01111111$

$[-0.99]_原 = 1.1111111$　　　　$[-127]_原 = 11111111$

在原码表示法中,对 0 有两种表示形式:

$[+0]_原 = 00000000$　　　　$[-0]_原 = 10000000$

(2) 反码。机器数 X 的反码表示规则为:

① 若 X 是正数,则反码与原码一样。

② 若 X 是负数,则反码由其原码(符号位除外)各位取反得到。

例如,

$[+0.99]_反 = 0.1111111$　　　　$[+127]_反 = 01111111$

$[-0.99]_反 = 1.0000000$　　　　$[-127]_反 = 10000000$

在反码表示法中,对 0 也有两种表示形式:

$[+0]_反 = 00000000$　　　　$[-0]_反 = 11111111$

(3) 补码。机器数 X 的补码表示规则为:

① 机器数是正数,则补码与原码一样。

② 机器数是负数,则补码为其原码(除符号外)各位取反,并在末位加 1。

例如,

$[+0.99]_{补} = 0.1111111$ $\qquad$ $[+127]_{补} = 01111111$

$[-0.99]_{补} = 1.0000001$ $\qquad$ $[-127]_{补} = 10000001$

在补码表示法中,对 0 有唯一的表示形式:

$[+0]_{补} = [-0]_{补} = 00000000$

使用补码的优点是:首先,使符号位能与有效值部分一起参加运算,从而简化运算规则;其次,使减法运算转换为加法运算,进一步简化计算机中运算器的线路设计。因此,使用非常广泛,但是所有这些转换都是在计算机的最底层进行的,而在汇编、C 等其他高级语言中使用的都是原码。

1.2.2 计算机中数据的存储与处理

数据有数值型和非数值型两类,这些数据在计算机中都必须以二进制形式表示。一串二进制数既可表示数量值,也可表示一个字符、汉字或其他。一串二进制数代表的数据不同,含义也不同。这些数据在计算机的存储设备中是如何进行组织存储的?

1. 数据单位

(1) 位(bit)。位(bit),音译为“比特”,是计算机存储设备的最小单位,由数字 0 或 1 组成。

(2) 字节(Byte)。字节(Byte),简写为“B”,音译为“拜特”,简写为“B”。8 个二进制位编为一组称为一个字节,即 1 B=8 bit。字节是计算机处理数据的基本单位,即以字节为单位解释信息。通常,一个 ASCII 码占 1 个字节;一个汉字国标码占 2 个字节;整数占 2 个字节;实数,即带有小数点的数,用 4 个字节组成浮点形式等。

(3) 字(word)。计算机一次存取、处理和传输的数据长度称为字,即一组二进制数码作为一个整体来参加运算或处理的单位。一个字通常由一个或多个字节构成,用来存放一条指令或一个数据。

(4) 字长。一个字中所包含的二进制数的位数称为字长。不同的计算机,字长是不同的,常用的字长有 8 位、16 位、32 位和 64 位等,也就是经常说的 8 位机、16 位机、32 位机或 64 位机。例如,一台计算机如果用 8 个二进制位表示一个字,就说该机是八位机,或者说它的字长是 8 位的;又如,一个字由两个字节组成,即 16 个二进制位,则字长为 16 位。字长是衡量计算机性能的一个重要标志。字长越长,一次处理的数字位数越大,速度也就越快。

2. 存储设备

用来存储信息的设备称为计算机的存储设备,如内存、硬盘、软盘及光盘等。不论是哪一种设备,存储设备的最小单位是“位”,存储信息的单位是字节,也就是说按字节组织存放数据。

3. 存储单元

表示一个数据的总长度称为计算机的存储单元。在计算机中,当一个数据作为一个整体存入或取出时,这个数据存放在一个或几个字节中组成一个存储单元。存储单元的特点是只有往存储单元存入新数据时,该存储单元的内容用新值代替旧值,否则永远保持原有数据。

4. 存储容量

某个存储设备所能容纳的二进制信息量的总和称为存储设备的存储容量。存储容量用字节数来表示,如:4MB、2GB 等,其关系为:1 KB＝1 024 B,1 MB＝1 024 KB,1 GB＝1 024 MB。1 千字节相当于 2^{10} Byte,即 1 024 Byte,记为 1 KB;1 兆字节相当于 2^{20} Byte,即 1 024 KB,记为 1 MB;而 1 吉字节相当于 2^{30} Byte,即 1 024 MB,记为 1 GB。

内存容量是指为计算机系统所配置的主存(RAM)总字节数,度量单位是"KB"、"MB",如 32 MB、64 MB、128 MB 等。外存多以硬盘、软盘和光盘为主,每个设备所能容纳的信息量的总字节数称为外存容量,度量单位是"MB"、"GB",如 800 MB、6 GB。

目前,高档微型计算机的内存容量已从几十兆字节发展到 8 GB 左右,外存容量已从几百兆字节发展 2 TB 左右。

5. 编址与地址码

(1)编址。存储器是由一个个存储单元构成的,为了对存储器进行有效的管理,就需要对各个存储单元编号,即给每个单元赋予一个地址码,这叫编址。经编址后,存储器在逻辑上便形成一个线性地址空间。

(2)地址码。存储器中有许多存放指令或数据的存储单元。每一个存储单元都有一个地址的编号,即地址码。地址编号由小到大顺序增加,对该存储单元取用或存入的二进制信息称为该地址的内容,可以按地址去寻找访问存储单元里的内容。地址码与存储单元是一一对应的,CPU 通过地址码访问存储单元中的信息,地址码所对应的存储单元中的信息是 CPU 操作的对象,即数据或指令本身。地址也是用二进制编码表示,为便于识别通常采用 16 进制。

第 3 节 多媒体技术的概念与应用

1.3.1 文本

文字信息在计算机中使用"文本"来表示。文本是基于特定字符集的、具有上下文相关性的一个字符,每个字符均使用二进制编码表示。

1. 文本在计算机中的处理过程

包括文本准备、文本编辑、文本处理、文本存储与传输、文本展现等。

2. 文本的分类

根据它们是否具有编辑排版格式来分,可分为简单文本和丰富格式文本。根据文本内容的组织方式来分,可以分为线性文本和超文本。根据文本内容是否变化和如何变化来分,可分为静态文本、动态文本和主动文本。

4. 文本制作的编辑软件

(1)记事本。Windows 系统中的纯文本编辑软件,只能制作".TXT"(纯文本文档)文件,不能编辑表格、图形、图像等,文件最大为 64 KB。

(2)写字板。可以制作".DOC"、".RTF"、".TXT"文件,功能比记事本强大。

(3)WORD。可以制作".DOC"、".RTF"、".TXT"、".THM"文件。

（4）Acrobat：可以制作".PDF"文件。

1.3.2　图像与图形

1. 数字图像的获取

现实生活中人的肉眼所看到图像是模拟图像，在计算机中、数码相机等数字化设备中存储表示的图像称为数字化图像，数字图像是指在空间和亮度上离散化的图像。从现实世界中获得数字图像的过程称为图像的获取，所使用的设备统称为图像获取设备，常用的有扫描仪、数码相机等。图像获取的过程实质上是模拟信号的数字化过程，包括取样、分色和量化（A/D 转换、数模转换）三个过程，这三个过程全部由图像获取设备来完成。

2. 数字化图像的表示

像素：一幅取样图像由 M×N 个点组成，M 称为行点数，N 称为列点数。每个点称为一个像素（pel），M×N 称为图像的分辨率，矩阵的行数称为图像的垂直分辨率 N，列数称为图像的水平分辨率 M。数字图像可以看成是一个像素（像素点）矩阵，具体表示方法：单色图像用一个矩阵来表示，彩色图像用一组（一般是 3 个）矩阵来表示，矩阵中的元素是像素颜色分量的亮度值（深度值），使用整数表示，一般是 8 位到 12 位。

3. 数字图像的大小及压缩

图像数据量＝图像水平分辨率×图像垂直分辨率×像素深度/8B

图像数据量很大，要占用计算机大量的存储空间，必须将这些数据进行压缩后再存储，压缩时必须采用一定的标准和算法，它分为有损压缩和无损压缩两种。最著名的是静止图像数据压缩编码的国际标准——JPEG 标准。

4. 常用图像文件格式

（1）BMP：是 Windows 中的标准图像文件格式，可用非压缩格式存储数据图像，其解码速度快，支持多种图像的存储，常见的各种图形软件都能对其进行处理。

（2）TIF/TIFF：TIFF 支持的色彩数最高可达 16 M，它存储图像质量高，但占用的存储空间非常大，细微层次的信息较多。该格式有压缩和非压缩两种。

（3）GIF：是在各种平台的各种图形处理软件上均能够处理的，经过压缩的一种图形文件格式。该格式存储色彩最高只能达到 256 种，多用于网络传输。

（4）JPG/JPEG：是 24 位的图像文件格式，也是一种高效率的压缩格式。由于其高效的压缩效率和标准化要求，目前已广泛用于彩色传真、静止图像、电话会议、印刷及新闻图片的传送。

常用图像编辑软件包括美国 Adobe 公司的 Photoshop，Windows 操作系统附件中的画图软件（paint）和映像软件（imaging for windows），Office 中的 Microsoft Photo Editor，Ulead System 公司的 PhotoImpact，ACD System 公司的 ACDSee32。

5. 计算机图形的概念及其应用

实际景物在计算机中的描述即为该景物的模型；人们进行景物描述的过程称为景物的建模；根据景物的模型生成其图像的过程称为绘制，也叫作图像合成，所产生的数字图像称为计算机合成图像，也称为矢量图形；研究如何使用计算机描述景物并生成其图像的原理、方法与技术称为计算机图形学。

计算机合成图像的应用：计算机辅助设计和辅助制造（CAD/CAM），利用计算机生成各种地形图、交通图、天气图、海洋图、石油开采图等,作战指挥和军事训练,计算机动画和计算机艺术。

常见图形文件格式:

(1) CDR:CorelDraw 中的一种图形文件格式。它是所有 CorelDraw 应用程序中均能使用的图形图像文件格式。

(2) WMF:是 Windows 中常见的一种图形文件格式,它具有文件短小、图案造型化的特点,整个图形常由各个独立的组成部分拼接而成,但其图形较粗糙,并且只能在 Office 中调用编辑。

(3) PSD/PDD:是 Photoshop 中使用的一种标准图形文件格式。

1.3.3　数字声音

1. 数字声音的获取的方法与设备

声音是一种模拟信号。为了使用计算机进行处理,必须将它转化成数字编码的形式,这个过程称为声音信号的数字化,包括取样、量化(A/D 转换、数模转换)和编码三个过程。声音信号的数字化获取设备主要是麦克风和声卡。麦克风的作用是将声波转换为电信号,然后由声卡进行数字化,也可以使用数码录音笔进行获取,然后用 USB 接口将已经数字化的声音数据送入计算机中。

2. 数字声音的压缩编码

波形声音的主要参数包括:取样频率、量化位数和声道数目。

数字声音未压缩前的计算公式是:波形声音的码率＝取样频率×量化位数×声道数

声音经过数字化获得的数据量是大得惊人的,必须要进行压缩,常用的压缩编码是 MPEG 系列的音频压缩标准,其中 MPEG－1 声音压缩编码标准分为三个层次。最近几年流行起来的所谓"MP3 音乐"就是一种采用 MPEG－1 Layer 3 编码的高质量数字音乐,它能以 10 倍左右的压缩比降低高保真数字声音的存储量,在一张普通 CD 光盘上可以存储大约 100 首 MP3 歌曲。

3. 语音合成与音乐合成的基本原理与应用

(1) 数字语音:采用基于感觉模型的压缩方法(称为波形编码),如国际电信联盟 ITU G.711 和 G.721,前者是 PCM(差分脉冲编码调制),后者是 ADPCM(自适应差分脉冲编码调制)。

(2) 语音合成:根据语言学的和自然语言理解的知识,使计算机模仿人的声音,自动生成语言的过程,目前主要是按照文本(书面语言)进行语音合成,这个过程称为文语转换(Text-To-Speech,简称 TTS)

(3) 音乐合成:在计算机中描述乐谱的语言是 MIDI,MIDI 不仅规定了乐谱的数字表示方法(音符、定时、乐器),也规定了演奏控制器、音源、计算机等相互连接时的通信规程。

第 4 节　计算机病毒的概念、特征、分类与防治

1.4.1　计算机病毒的概念

计算机病毒是指编制者在计算机程序中插入的破坏计算机功能或者破坏数据,影响计

算机使用并且能够自我复制的一组计算机指令或者程序代码。与医学上的"病毒"不同,计算机病毒不是天然存在的,是某些人利用计算机软件和硬件所固有的脆弱性编制的一组指令集或程序代码。它能通过某种途径潜伏在计算机的存储介质(或程序)里,当达到某种条件时即被激活,通过修改其他程序的方法将自己的精确拷贝或者可能演化的形式放入其他程序中,从而感染其他程序,对计算机资源进行破坏,对被感染用户有很大的危害性。

1.4.2 计算机病毒的特征

1. 繁殖性

计算机病毒可以像生物病毒一样进行繁殖,当正常程序运行的时候,它也进行自身复制,是否具有繁殖、感染的特征是判断某段程序是否为计算机病毒的首要条件。

2. 传染性

计算机病毒不但本身具有破坏性,更有害的是具有传染性,一旦病毒被复制或产生变种,其速度之快令人难以预防。传染性是病毒的基本特征。在生物界,病毒通过传染从一个生物体扩散到另一个生物体。在适当的条件下,它可得到大量繁殖,并使被感染的生物体表现出病症甚至死亡。同样,计算机病毒也会通过各种渠道从已被感染的计算机扩散到未被感染的计算机,在某些情况下造成被感染的计算机工作失常甚至瘫痪。与生物病毒不同的是,计算机病毒是一段人为编制的计算机程序代码,这段程序代码一旦进入计算机并得以执行,它就会搜寻其他符合其传染条件的程序或存储介质,确定目标后再将自身代码插入其中,达到自我繁殖的目的。只要一台计算机染毒,如不及时处理,那么病毒会在这台电脑上迅速扩散,计算机病毒可通过各种可能的渠道,如移动硬盘、计算机网络去传染其他的计算机。当用户在一台机器上发现了病毒时,往往曾在这台计算机上用过的 U 盘已感染上了病毒,而与这台机器相联网的其他计算机也许也被该病毒染上了。是否具有传染性是判别一个程序是否为计算机病毒的最重要条件。

3. 潜伏性

有些病毒像定时炸弹一样,让它什么时间发作是预先设计好的。比如黑色星期五病毒,不到预定时间一点都觉察不出来,等到条件具备的时候一下子就爆发,对系统进行破坏。一个编制精巧的计算机病毒程序,进入系统之后一般不会马上发作,因此,病毒可以静静地躲在磁盘或磁带里待上几天,甚至几年,一旦时机成熟,得到运行机会,就又要四处繁殖、扩散,继续危害。潜伏性的第二种表现是指计算机病毒的内部往往有一种触发机制,不满足触发条件时,计算机病毒除了传染外不做什么破坏。触发条件一旦得到满足,有的在屏幕上显示信息、图形或特殊标识,有的则执行破坏系统的操作,如格式化磁盘、删除磁盘文件、对数据文件做加密、封锁键盘以及使系统锁死等。

4. 隐蔽性

计算机病毒具有很强的隐蔽性,有的可以通过病毒软件检查出来,有的根本就查不出来,有的时隐时现、变化无常,这类病毒处理起来通常很困难。

5. 破坏性

计算机中毒后,可能会导致正常的程序无法运行,删除计算机内的文件或使其受到不同程度的损坏,通常表现为:增、删、改、移。

6. 可触发性

病毒因某个事件或数值的出现,诱使病毒实施感染或进行攻击的特性称为可触发性。为了隐蔽自己,病毒必须潜伏,少做动作。如果完全不动,一直潜伏的话,病毒既不能感染也不能进行破坏,便失去了杀伤力。病毒既要隐蔽又要维持杀伤力,它必须具有可触发性。病毒的触发机制就是用来控制感染和破坏动作的频率的。病毒具有预定的触发条件,这些条件可能是时间、日期、文件类型或某些特定数据等。病毒运行时,触发机制检查预定条件是否满足,如果满足,启动感染或破坏动作,使病毒进行感染或攻击;如果不满足,使病毒继续潜伏。

1.4.3 计算机病毒的分类

1. 按病毒存在的媒体

根据病毒存在的媒体,病毒可以划分为网络病毒、文件病毒、引导型病毒。网络病毒通过计算机网络传播感染网络中的可执行文件,文件病毒感染计算机中的文件(如:COM,EXE,DOC 等),引导型病毒感染启动扇区(Boot)和硬盘的系统引导扇区(MBR),还有这三种情况的混合型,例如,多型病毒(文件和引导型)感染文件和引导扇区两种目标,这样的病毒通常都具有复杂的算法,它们使用非常规的办法侵入系统,同时使用了加密和变形算法。

2. 按病毒传染的方法

根据病毒传染的方法可分为驻留型病毒和非驻留型病毒,驻留型病毒感染计算机后,把自身的内存驻留部分放在内存(RAM)中,这一部分程序挂接系统调用并合并到操作系统中去,处于激活状态,一直到关机或重新启动;非驻留型病毒在得到机会激活时并不感染计算机内存,一些病毒在内存中留有小部分,但是并不通过这一部分进行传染,这类病毒也被划分为非驻留型病毒。

3. 按病毒破坏的能力

(1) 无害型:除了传染时减少磁盘的可用空间外,对系统没有其他影响。

(2) 无危险型:这类病毒仅仅是减少内存、显示图像、发出声音。

(3) 危险型:这类病毒在计算机系统操作中造成严重的错误。

(4) 非常危险型:这类病毒删除程序、破坏数据、清除系统内存区和操作系统中重要的信息。这些病毒对系统造成的危害并不是本身的算法中存在危险的调用,而是当它们传染时会引起无法预料的和灾难性的破坏。由病毒引起其他的程序产生的错误也会破坏文件和扇区。

4. 按病毒的算法

(1) 伴随型病毒,这一类病毒并不改变文件本身,它们根据算法产生 EXE 文件的伴随体,具有同样的名字和不同的扩展名(COM),例如,XCOPY.EXE 的伴随体是 XCOPY.COM。病毒把自身写入 COM 文件,并不改变 EXE 文件,当 DOS 加载文件时,伴随体优先被执行到,再由伴随体加载执行原来的 EXE 文件。

(2) "蠕虫"型病毒,通过计算机网络传播,不改变文件和资料信息,利用网络从一台机器的内存传播到其他机器的内存,计算网络地址,将自身的病毒通过网络发送,一般除了内存不占用其他资源。

(3) 寄生型病毒,除了伴随型和"蠕虫"型,其他病毒均可称为寄生型病毒,它们依附在系统的引导扇区或文件中,通过系统的功能进行传播。

（4）诡秘型病毒,使用比较高级的技术,利用 DOS 空闲的数据区进行工作。

（5）变型病毒（又称幽灵病毒）,这一类病毒使用一个复杂的算法,使自己每传播一份都具有不同的内容和长度。它们一般是由一段混有无关指令的解码算法和被变化过的病毒体组成。

1.4.4 计算机病毒的防治

➢ 杀毒软件经常更新,以快速检测到可能入侵计算机的新病毒或者变种。

➢ 使用安全监视软件（和杀毒软件不同,例如,360 安全卫士、瑞星卡卡）主要防止浏览器被异常修改,安装不安全、恶意的插件。

➢ 使用防火墙或者杀毒软件自带防火墙。

➢ 关闭电脑自动播放功能并对电脑和移动储存工具进行常见病毒免疫操作。

➢ 定时全盘扫描病毒、木马。

➢ 注意网址正确性,避免进入山寨网站。

➢ 不随意接收、打开陌生人发来的电子邮件或通过 QQ 传递的文件或网址。

➢ 使用正版软件。

➢ 使用移动存储器前,最好要先查杀病毒,然后再使用。

第二章　计算机网络

第1节　计算机网络的概念、组成和分类

2.1.1　计算机网络的概念和组成

计算机网络是利用通信设备和网络软件,把地理位置分散而功能独立的多台计算机(及其他智能设备)以相互共享资源和进行信息传递为目的连接起来的一个系统,可见一个计算机网络必须具备3个要素:

(1) 至少有两台具有独立操作系统的计算机,且相互间有共享的资源部分。

(2) 两台(或多台)计算机之间要有通信手段将其互连,如用双绞线、电话线、同轴电缆或光纤等有线通信,也可以使用微波、卫星等无线媒体把它们连接起来。

(3) 协议,这是很关键的要素,由于不同厂家生产的不同类型的计算机,其操作系统、信息表示方法等都存在差异,它们的通信就需要遵循共同的规则和约定,就如同讲不同语言的人进行对话需要一种标准语言才能沟通一样。在计算机网络中需要共同遵守的规则、规定或标准被称为网络协议,由它解释、协调和管理计算机之间的通信和相互间的操作。

2.1.2　计算机网络的分类

一、按网络覆盖范围分类

按照联网的计算机之间的距离和网络覆盖面的不同,可分为局域网、广域网和城域网。

1. 局域网

局域网,Local Area Network,简称 LAN,通常是为了一个单位、企业或一个相对独立的范围内大量存在的微机能够相互通信,共享某些外部设备、共享数据信息和应用程序而建立的。局域网在计算机数量配置上没有太多的限制,少的可以只有两台,多的可达上千台。网络所涉及的地理距离上一般来说可以是几米至十几千米。

典型的局域网络由一台或多台服务器和若干个工作站组成,使用专门的通信线路,信息传输速率很高。现代局域网络一般使用一台高性能的微机作为服务器,工作站可以使用中低档次的微机。一方面工作站可作为单机使用,另一方面可通过工作站向网络系统请示服务和访问资源。

2. 广域网

广域网,Wide Area Network,简称 WAN,也称为远程网,在地理上可以跨越很大的距离,联网的计算机之间的距离可从几百千米到几千千米,跨省、跨国甚至跨洲,网络之间也可通过特定方式进行互连。

目前,大多数局域网在应用中不是孤立的,除了与本部门的大型机系统互相通信,还可

以与广域网连接,网络互连形成了更大规模的互联网。可使不同网络上的用户能相互通信和交换信息,实现了局域资源共享与广域资源共享相结合。

世界上第一个广域网就是 ARPA 网,它利用电话交换网把分布在美国各地不同型号的计算机和网络互连起来。ARPA 网的建成和运行成功,为接下来许多国家和地区组建远程大型网络提供了经验,最终产生了 Internet。Internet 是现今世界上最大的广域网。

3. 城域网

城域网,Metropolitan Area Network,简称 MAN。一般来说是将一个城市范围内的计算机互联,这种网络的连接距离可以在 10～100 千米。城域网与局域网相比,扩展的距离更长,连接的计算机数量更多,在地理范围上可以说是局域网的延伸。在一个大型城市或都市地区,一个城域网通常连接着多个局域网。如一个城域网连接政府机构的局域网、医院的局域网、电信的局域网、公司企业的局域网等等。由于光纤连接的引入,使城域网中高速的局域网互连成为可能。

二、按照网络拓扑结构分类

1. 星型

星型结构的主要特点是集中式控制,其中每一个用户设备都连接到中央交换控制机上,中央交换控制机的主要任务是交换和控制。控制机汇集各工作站送来的信息,从而使得用户终端和公用网互联非常方便,但架设线路的投资大,同时为保证中央交换机的可靠运行,需要增加中央交换机备份,如图 2-1 所示。

图 2-1　星型

2. 总线型

总线型结构是局域网络中常用的一种结构。在这种结构中,所有的用户设备都连接在一条公共传输的主干电缆——总线上。总线结构属于分散型控制结构,没有中央处理控制器。各工作站利用总线传送信息,采用争用方式——CSMA/CD 方式,当一个工作站要占用总线发送信息(报文)时,先检测总线是否空闲,如果总线正在被占用就等待,待总线空闲再送出报文。接收工作站始终监听总线上的报文是否属于给本站的,如是,则进行处理,如图 2-2 所示。

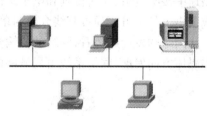

图 2-2　总线型

3. 环型

从物理上看,将总线结构的总线两端点连接在一起,就成了环形结构的局域网。这种结构的主要特点是信息在通信链路上是单向传输的。信息报文从一个工作站发出后,在环上按一定方向一个结点接一个结点沿环路运行,如图 2-3 所示,这种访问方式没有竞争现象,所以在负载较重时仍然能传送信息,缺点是网络上的响应时间会随着环上结点的增加而变慢,且当环上某一结点有故障时,整个网络都会受到影响。为克服这一缺陷,有些环形局域网采

图 2-3　环型网络

用双环结构。

三、按传输技术分类

按传输技术划分有广播式网络和点到点网络两种。

广播式网络仅有一条通信信道,由网络上的所有机器共享。向某台主机发送信息就好像在公共场所喊人:"老王,有你的信!"在场的人都会听到,而只有老王本人会答应,其余的人仍旧做自己的事情。发往指定地点的信息(报文)将按一定的原则分成组或包(packet),分组中的地址字段指明本分组该由哪台主机接收,如同生活中的人称"老王"。一旦收到分组,各机器都要检查地址字段,如果是发给它的,即处理该分组,否则就丢弃。

与之相反,点到点网络由一对对机器之间的多条连接构成。为了能从源到达目的地,这种网络上的分组必须通过一台或多台中间机器,通常是多条路径,长度一般都不一样。因此,选择合理的路径十分重要。

一般来说,小的、处于本地的网络采用广播方式,大的网络采用点到点方式。

四、按传输介质分类

按传输介质划分可分为有线网与无线网。

1. 有线网

有线传输介质是指在两个通信设备之间实现的物理连接部分,它能将信号从一方传输到另一方。有线传输介质主要有:双绞线、同轴电缆和光纤等,其中双绞线和同轴电缆传输电信号,光纤传输光信号。

2. 无线网

无线传输指在我们周围的自由空间中,利用电磁波在自由空间的传播,实现无线通信。在自由空间传输的电磁波根据频谱可将其分为无线电波、微波、红外线、激光等,信息被加载在电磁波上进行传输。

随着笔记本电脑、平板电脑和智能手机等便携式计算机的日益普及和发展,人们经常要在路途中接听电话、发送传真和电子邮件、阅读网上信息以及登录到远程机器等,然而在汽车或飞机上是不可能通过有线介质与单位的网络相连接的,这时候就需要用到无线网了。

从网络的发展趋势看,网络的传输介质由有线技术向无线技术发展,网络上传输的信息向多媒体方向发展,网络系统由局域网向广域网发展。

第2节　信息安全的概念和防控

2.2.1　信息安全的概念

信息安全是指信息网络的硬件、软件及其系统中的数据受到保护,不因偶然的或者恶意的原因而遭到破坏、更改、泄露,系统连续可靠正常地运行,信息服务不中断。信息安全主要包括以下五方面的内容,即需保证信息的保密性、真实性、完整性、未授权拷贝和所寄生系统的安全性。

2.2.2　网络信息安全的防控

1. 防火墙技术

所谓防火墙是指由一个由软件和硬件设备组合而成，在内部网和外部网之间、专用网和公用网之间的界面上构造的保护屏障。

防火墙技术，最初是针对 Internet 网络不安全因素所采取的一种保护措施。顾名思义，防火墙就是用来阻挡外部不安全因素影响的内部网络屏障，其目的就是防止外部网络用户未经授权的访问。这是一种计算机硬件和软件的结合，使 Internet 与 Intranet 之间建立起一个安全网关，从而保护内部网免受非法用户的侵入，防火墙主要由服务访问政策、验证工具、包过滤和应用网关四个部分组成，防火墙就是一个位于计算机和它所连接的网络之间的软件或硬件。该计算机流入流出的所有网络通信均要经过此防火墙。

2. 数据加密技术

所谓数据加密技术是指将一个信息（或称明文）经过加密钥匙及加密函数转换，变成无意义的密文，而接收方则将此密文经过解密函数、解密钥匙还原成明文。加密技术是网络安全技术的基石。

数据加密技术要求只有在指定的用户和网络下，才能解除密码而获得原来的数据，这就需要给数据发送方和接收方以一些特殊的信息用于加解密，这就是所谓的密钥。其密钥的值是从大量的随机数中选取的。按加密算法分为专用密钥和公开密钥两种。

3. 访问控制技术

访问控制指系统对用户身份及所属的预先定义的策略组限制其使用数据资源能力的手段，通常用于系统管理员控制用户对服务器、目录、文件等网络资源的访问。访问控制是系统保密性、完整性、可用性和合法使用性的重要基础，是网络安全防范和资源保护的关键策略之一，也是主体依据某些控制策略或权限对客体本身或其资源进行不同授权访问。

访问控制的主要目的是限制访问主体对客体的访问，从而保障数据资源在合法范围内得以有效使用和管理。为了达到上述目的，访问控制需要完成两个任务：识别和确认访问系统的用户，决定该用户可以对某一系统资源进行何种类型的访问。

4. 防病毒技术

从反病毒产品对计算机病毒的作用来讲，防病毒技术可以直观分为：病毒预防技术、病毒检测技术及病毒清除技术。

第3节　因特网网络服务的概念、原理和应用

2.3.1　因特网相关概念

1. WWW

WWW(World Wide Web)，简称 Web，通常译成万维网，也叫作 3W，是一种超文本(Hyper Text)方式的查询工具。这种浏览器方式基于 HTTP(Hyper Text Transfer Protocol)协议，采用标准的 HTML(Hyper Text Markup Language)语言编写。

世界上第一个网站成立于 1994 年，经过十几年的发展，WWW 已经走进了现代生活的

各个方面。现在,人们可以通过 WWW 进行信息浏览、购物、订飞机票、查询旅游资源等,或者通过 WWW 进行休闲娱乐活动,如打游戏、看电影等。可以说 WWW 是一个包罗万象的平台。

WWW 是通过互联网获取信息的一种应用,我们所浏览的网站就是 WWW 的具体表现形式,但其本身并不就是互联网,只是互联网的组成部分之一。

2. 超文本与超链接

超文本中不仅包含文本信息,而且包括图形、声音、图像和视频等多媒体信息,最重要的是其中还包含指向其他网页的链接,即超链接。

超链接是在 Internet 页面间移动的主要手段,该技术的优点在于不需要知道目标的 Internet 地址,只需单击超链接就可以到达所要的网页。超链接的目标可以在 Web 上的任何地方。

在网页中,除了正常显示的文字外,还有许多以下划线方式显示的文字,这些就是超链接。超链接可以是图片、三维图像或彩色文本。

将鼠标指针移过 Web 页上的项目,可以识别出该项目是否为超链接。如果指针变成手形,则表明它是超链接。通常情况下,超链接是蓝色带下划线的文字,这表示没有访问过的超链接;对于访问过的超链接,则以紫色带下划线的文字表示。

3. HTTP

HTTP,即超文本传输协议,是 Hyper Text Transfer Protocol 的缩写。浏览网页时在浏览器地址栏中输入的 URL 前面都是以"http://"开始的。注意:如果在输入地址时不输入协议名称,则 IE 自动为用户加上该协议名称。HTTP 定义了信息如何被格式化,如何被传输,以及在各种命令下服务器和浏览器所采取的响应。

4. URL

URL 是 Uniform Resource Locator 的缩写,即统一资源定位系统,也就是我们通常所说的网址。URL 是在 Internet 的 WWW 服务程序上用于指定信息位置的表示方法,它指定了如 HTTP 或 FTP 等 Internet 协议,是唯一能够识别 Internet 上具体的计算机、目录或文件位置的命名约定。

URL 的格式为:"协议://IP 地址或域名/路径/文件名"。其中:"协议://IP 地址或域名/"部分是不可缺少的,"路径/文件名"部分有时可以省略。例如,新浪网站的网址,也就是 URL 为"http://www. sina. com. cn/"。

5. HTML

HTML 是 Hyper Text Markup Language 的缩写,即超文本标记语言。它是用于创建可从一个平台移植到另一平台的超文本文档的一种简单标记语言,经常用来创建 Web 页面。HTML 文件是带有格式标识符和超文本链接的内嵌代码的 ASCII 文本文件。

HTML 是制作网页的基础,早期的网页都是直接用 HTML 代码编写的,不过现在有很多智能化的网页制作软件(如 FrontPage、Dreamweaver 等)通常不需要人工去写代码,而是由这些软件自动生成网页的。

2.3.2　因特网相关服务

1. E-mail 服务

E-mail 即电子邮件服务,电子邮件是因特网提供的基本服务之一,也是因特网上应用最为广泛的一种服务。很多人认为这是和外面世界联系的基本方式,比电话和传统的邮件方便、快捷。它不仅可以传送文字、图形,甚至连动画或程序都可以寄送。

2. WWW 服务

WWW 即信息浏览服务,信息浏览是因特网的另外一项基本服务。WWW 是当前 Internet 上最受欢迎、最为流行、最新的信息检索服务系统。它把 Internet 上现有资源统统连接起来,使用户能在 Internet 上已经建立了 WWW 服务器的所有站点提供超文本媒体资源文档。

3. FTP 服务

FTP 即文件传输服务的一种主要方式,用 FTP 可以访问 Internet 的各种 FTP 服务器。访问 FTP 服务器有两种方式:一种访问是注册用户登录到服务器系统,另一种访问是用"隐名"(anonymous)进入服务器。FTP 是一种实时的联机服务功能,它支持将一台计算机上的文件传到另一台计算机上。工作时用户必须先登录到 FTP 服务器上。使用 FTP 几乎可以传送任何类型的文件,因此,FTP 服务几乎可以获取任何领域的信息。

4. Telnet 服务

Telnet 即远程登录服务。远程登录是指允许一个地点的用户与另一个地点的计算机上运行的应用程序进行交互对话。远程登录使用支持 Telnet 协议的 Telnet 软件。Telnet 协议是 TCP/IP 通信协议中的终端机协议。

5. 其他服务

除了上面的这些服务外,因特网还可以提供电子公告板(BBS)、新闻组(USENET)、聊天室(IRC)、网络电话、电子商务、网上购物等多种服务。

《计算机信息技术教程》读者信息反馈表

尊敬的读者：

感谢您购买和使用南京大学出版社的图书，我们希望通过这张小小的反馈卡来获得您更多的建议和意见，以改进我们的工作，加强双方的沟通和联系。我们期待着能为更多的读者提供更多的好书。

请您填妥下表后，寄回或传真给我们，对您的支持我们不胜感激！

1. 您是从何种途径得知本书的：
   □ 书店　□ 网上　□ 报纸杂志　□ 朋友推荐

2. 您为什么购买本书：
   □ 工作需要　□ 学习参考　□ 对本书主题感兴趣　□ 随便翻翻

3. 您对本书内容的评价是：
   □ 很好　□ 好　□ 一般　□ 差　□ 很差

4. 您在阅读本书的过程中有没有发现明显的专业及编校错误，如果有，它们是：＿＿＿＿＿
   ＿＿＿＿＿＿＿＿＿＿＿＿＿＿＿＿＿＿＿＿＿＿＿＿＿＿＿＿＿＿＿＿＿＿＿＿＿＿＿
   ＿＿＿＿＿＿＿＿＿＿＿＿＿＿＿＿＿＿＿＿＿＿＿＿＿＿＿＿＿＿＿＿＿＿＿＿＿＿＿
   ＿＿＿＿＿＿＿＿＿＿＿＿＿＿＿＿＿＿＿＿＿＿＿＿＿＿＿＿＿＿＿＿＿＿＿＿＿＿＿

5. 您对哪些专业的图书信息比较感兴趣：＿＿＿＿＿＿＿＿＿＿＿＿＿＿＿＿＿＿＿＿＿＿
   ＿＿＿＿＿＿＿＿＿＿＿＿＿＿＿＿＿＿＿＿＿＿＿＿＿＿＿＿＿＿＿＿＿＿＿＿＿＿＿

6. 如果方便，请提供您的个人信息，以便于我们和您联系（您的个人资料我们将严格保密）：

   您供职的单位：　　　　　　　　　　您教授或学习的课程：

   您的通信地址：　　　　　　　　　　您的电子邮箱：

请联系我们：

电话：025 - 83596997

传真：025 - 83686347

通信地址：南京市汉口路 22 号　210093　南京大学出版社高校教材中心

微信服务号：njuyuexue